村上ゼミシリーズ　Ⅳ

デジタルに親しむ

デジタル計算、デジタル回路、インターネット
DX、AI まですべてわかる

村上　雅人
小林　信雄

飛翔舎

はじめに

　いまや**デジタル時代** (digital age) と言われています。普段、多くのひとが使っている**携帯電話** (mobile phone) は、まさに高度なデジタル機器であり、**手のひらに載るコンピュータ** (palm-sized computer) と言ってもよいくらいです。さらにデジタル機器はインターネットにもつながり、情報が瞬時に世界を駆け巡ります。

　しかし、**デジタル技術** (digital technology) や**情報通信技術** (ICT: information and communication technology) の進展が急速であったため、利用者の多くは、その原理はさておき、**ブラックボックス** (black box) として便利な機能を利用しているというのが現状です。そもそも、多くのひとが利用している**パソコン** (PC: personal computer) がブラックボックスです。

　さらに、自分にはデジタル技術の利用は無理と最初からあきらめているひとも居ます。これを、**デジタルデバイド** (digital divide) と呼んでいます。つまり、IT 技術を利用できるひとと、そうでないひとに格差が生じているのです。これは不幸なことです。なぜなら、デジタルの恩恵を受けるべきは、地方の過疎地に住むひとや高齢者だからです。よって、政府はデジタル難民が、安心して手軽にデジタル技術を利用できる体制を整備する必要があります。台湾などが、先進事例の参考になるでしょ

う。

　一方、デジタルを活用するひとたちは、ブラックボックス化した機器を利用するだけでなく、ある程度、その基礎や原理を理解しておくことも重要です。それが、豊かなデジタル社会を実現する源泉となるからです。一部の専門家が開発を担うという体制では、真のデジタル社会は実現できません。

　本書では、**2進法** (binary number system) というデジタルの基本から、機械であるコンピュータが、どのように**四則演算** (four arithmetic operations) に利用されるかまでを振り返ります。そのうえで、**ハード** (hardware)、**ソフト** (software) の両面から基礎技術を概観し、**インターネット** (the Internet) の進展や、**デジタル・トランスフォーメーション** (DX: digital transformation) とは何か、また、いま大きな注目を集めている**人工知能** (AI: artificial intelligence) の意味と意義を、村上ゼミの指導教員とゼミ生が議論を交わしながら、学んでいきます。

　みなさんも、ゼミ生と一緒に、デジタル技術に親しんでみてはいかがでしょうか。

2024年　夏

村上雅人　小林信雄

もくじ

はじめに ・・・・・・・・・・・・・・・・・・・・・・・3

第1章　デジタルの基本 ・・・・・・・・・・・・・・・9
1. 1.　アナログとデジタル　9
1. 2.　2進数　12
  1. 2. 1.　12進数　15
  1. 2. 2.　16進数　16
  1. 2. 3.　2進数の小数　20
  1. 2. 4.　小数の足し算　24
  1. 2. 5.　2進数の掛け算　26
  1. 2. 6.　2進数の引き算　27
  1. 2. 7.　2進数の割り算　28
1. 3.　ビットとバイト　30
1. 4.　紙リールへの記録　32
1. 5.　プログラミング言語　36
  1. 5. 1.　機械語　36
  1. 5. 2.　プログラミング言語　36
  1. 5. 3.　BASIC言語　39
1. 6.　容量　42
1. 7.　デジタルの世界　44

第2章　ハードウェア ・・・・・・・・・・・・・・・47
2. 1.　半導体とドーピング　50
2. 2.　ダイオード　53
2. 3.　正孔の移動　55
2. 4.　トランジスタ　58
2. 5.　ON/OFFを制御するトランジスタ　66
2. 6.　電界効果トランジスタ　67
2. 7.　メモリ　71
  2. 7. 1.　磁気記録　73
  2. 7. 2.　フロッピーディスク　77

2. 7. 3. 光磁気ディスク　*79*
2. 7. 4. 光ディスク　*82*
2. 7. 5. ハードディスク　*86*
2. 7. 6. フラッシュメモリ　*89*

第 3 章　論理回路 ・・・・・・・・・・・・・・・・・・・ *94*
3. 1. AND 回路　*95*
3. 2. OR 回路　*97*
3. 3. NOT 回路　*99*
3. 4. ダイオードによる AND 回路　*102*
3. 5. ダイオードによる OR 回路　*105*
3. 6. トランジスタを使った NOT 回路　*108*
3. 7. 論理回路による計算　*109*
3. 7. 1. 半加算器　*111*
3. 7. 2. NAND 回路　*113*
3. 7. 3. 全加算器　*115*
3. 8. コンピュータによる四則演算　*121*

第 4 章　インターネット ・・・・・・・・・・・・・・ *127*
4. 1. 電波　*132*
4. 2. アンテナと送受信　*140*
4. 2. 1. 送信　*141*
4. 2. 2. 受信用アンテナ　*143*
4. 2. 3. ラジオ放送　*145*
4. 2. 4. AM 放送の原理　*146*
4. 2. 5. 検波　*147*
4. 2. 6. ゲルマニウムラジオ　*148*
4. 2. 7. FM 放送　*151*
4. 3. 携帯電話の通信　*152*
4. 4. Wi-Fi ワイファイ　*156*
4. 4. 1. 有線 LAN　*156*
4. 4. 2. 無線 LAN　*159*
4. 5. 有線ケーブル　*162*

もくじ

4.5.1. 銅線ケーブル　*163*
4.5.2. ADSL 回線　*164*
4.5.3. ブロードバンド　*166*
4.5.4. 同軸ケーブル　*167*
4.5.5. ケーブルテレビ　*169*
4.6. 光ファイバー　*171*
4.7. 衛星通信　*176*
4.8. GPS の原理　*180*
4.9. 海底ケーブル　*183*
4.10. インターネット　*187*
4.11. 電子メール　*197*
4.12. ソーシャル・ネットワーキング・サービス　*202*

第 5 章　デジタル・トランスフォーメーション ・・・・*208*
5.1. エドテック　*209*
5.2. 内なる DX　*214*
5.3. 注目される DX　*222*
5.4. デジタイゼーション　*224*
5.5. デジタライゼーション　*229*
5.6. デジタライゼーションの成功例　*231*
5.6.1. ネットフリックス　*231*
5.6.2. アマゾン　*233*
5.6.3. アントレプレナーシップ　*235*
5.7. レガシーシステムの刷新　*237*
5.8. 2025 年の崖　*242*
5.9. コロナと DX　*245*
5.10. 大学の DX　*246*
5.11. 大規模公開オンライン講座　*253*
5.12. DX レポート 2　*257*
5.13. GIGA スクール構想　*258*
5.14. セキュリティ　*262*
5.15. デジタルガバメント　*268*
5.15.1. PC の高度化　*270*

5. 15. 2.　サーバによる管理　*272*

　　5. 15. 3.　データセンター　*273*

　5. 16.　クラウドとは　*275*

　5. 17.　クラウド導入の例　*280*

　　5. 17. 1.　電子カルテ　*280*

　　5. 17. 2.　行政サービス　*282*

　5. 18.　クラウドサービス　*285*

第6章　人工知能－AI ・・・・・・・・・・・・・・ *291*

　6. 1.　シンギュラリティ　*294*

　6. 2.　機械学習　*296*

　6. 3.　教師あり学習　*299*

　6. 4.　強化学習　*301*

　6. 5.　ディープ・ラーニング　*304*

　6. 6.　教師なし学習　*312*

　6. 7.　科学は万能か　*315*

　6. 8.　3体問題　*316*

　6. 9.　多体問題　*318*

　6. 10.　人間の柔軟性　*321*

　6. 11.　自然観察　*324*

　6. 12.　実験　*325*

　6. 13.　AIを使いこなす　*327*

　　6. 13. 1.　チャットボット　*328*

　　6. 13. 2.　研究分野への応用　*330*

　6. 14.　AIの失敗　*333*

おわりに　・・・・・・・・・・・・・・・・・・ *338*

第1章 デジタルの基本

雅人 今日からのゼミでは、**デジタル技術** (digital technology) を取り上げたいと思う。

結美子 いまや、「デジタル」という言葉は世の中のキーワードですね。日本政府も、2021年9月にデジタル庁を設置し、**デジタル・ガバメント** (digital government) を目指すと宣言しています。

しのぶ ただし、「デジタル」と言っても、範囲が広いですし、具体的になにを指すかがあいまいですよね。そもそも、いろいろな横文字が多すぎます。

1.1. アナログとデジタル

雅人 それでは、まず、**アナログ** (analogue) と**デジタル** (digital) の違いについて整理しておこう。ここが出発点だね。

和昌 確かにそうですね。デジタルの対極にあるのはアナログですから、これら用語の整理が重要ですね。

雅人　もともとの定義をひも解けば、アナログとは「ある量やデータが連続的に変化する物理量のことで、たとえば、電流や電圧で表現すること」となる。一方、デジタルとは、「ある量やデータの変化を有限桁の数字、たとえば、2進数として表現すること」となる。

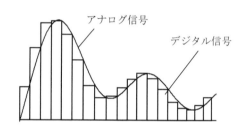

図1-1　アナログ信号とデジタル信号

結美子　やはり、定義となるとわかりにくいですね。

雅人　アナログの英語は "analogue" あるいは "analog" で「類似の」という意味がある。つまり、あるデータの変化を、物理量である電圧や電流の変化に「類似させて表示する」というのがもともとの意味となる。

しのぶ　"digital" は "digit" の形容詞で、"digit" は「数字」や「桁」という意味でしたね。もともと "digit" には「指」という意味があり、1から10までの数を指で数えたことから、この名がついたと聞いています。

第1章　デジタルの基本

雅人　そうなんだ。"digit" は、正式には「**アラビア数字**」"Arabian number" のことを指している。0, 1, 2, ..., 9 までの 10 個の数字のことだ。アラビアという名がついているが、もともとはインド発祥の数字なんだ。インドには「0 の発見」という偉大な発明もある。

和昌　確かに、デジタル表示とは数字で表示するという意味ですね。イメージとしては、アナログは連続、デジタルは飛び飛びですか。そう言えば、アナログ人間という言葉もよく聞きます。

雅人　お年寄りが自虐的に使うときの「アナログ人間」とは「デジタル機器の使用が苦手なひと」という意味になる。

和昌　それは、わかります。スマートフォンやパソコンの使い方が苦手なひとが「自分はアナログだから」とよく言いますね。

雅人　もうひとつ、物事を割り切って考えないひとを「アナログ人間」と呼ぶこともある。このときは、「あいまい」という意味合いもあるね。一般的なアナログとデジタルの違いは、時計を考えればわかりやすいかな。

信雄 なるほど。**アナログ時計** (analogue clock) は、長針と短針があって、連続的に時間が変化しますね。一方、**デジタル時計** (digital clock) では、時間が数字で直接表示されます。

雅人 そして、コンピュータの世界でデジタルという場合、一般には 0 と 1 の 2 個の数字を使うことを意味する。

1.2. 2進数

結美子 それが **2進数** (binary number) でしたね。これは、確か**オンとオフ** (ON/OFF) を数字の 1 と 0 に対応させていると聞きました。でも 1 と 0 だけで算用数字を表すには、どうしたらよかったでしょうか。

雅人 いい機会なので、復習してみようか。まず、最初の 0 と 1 はいいね。

信雄 それは、わかります。問題は 2 ですね。

雅人 そうなんだ。**2進法** (binary number system) では、2 という数字がないから、位が 1 個増えて 2 = 10 となる。

しのぶ なるほど、それならば、3 = 11 とすればよいのですね。

雅人 その通りだね。ただし、このままでは 3 が 11 と等しいと誤解するので、それを区別しておこう。ここでは、$2_{(10)} = 10_{(2)}$ や $3_{(10)} = 11_{(2)}$ という表記を使うことにする。添え字の ( ) 内の数

12

第 1 章　デジタルの基本

字は、10 進法と 2 進法という意味だ。

和昌　とすれば、 4 (10) = 100 (2) となりますね。

雅人　そうだ。表 1-1 に、0 から 5 までの **10 進数** (decimal number) と 2 進数の対応を示してある。

表 1-1　10 進数と 2 進数の対応

	2^2	2^1	2^0	換算表
0			0	$2^0 \times 0 = 0$
1			1	$2^0 \times 1 = 1$
2		1	0	$2^1 \times 1 + 2^0 \times 0 = 2$
3		1	1	$2^1 \times 1 + 2^0 \times 1 = 3$
4	1	0	0	$2^2 \times 1 + 2^1 \times 0 + 2^0 \times 0 = 4$
5	1	0	1	$2^2 \times 1 + 2^1 \times 0 + 2^0 \times 1 = 5$

結美子　この対応表はわかりやすいですね。この表から、桁数は 2 の **累乗** (power) に相当していることがわかります。たとえば、101 (2) は

$$101_{(2)} = 2^2 \times 1 + 2^1 \times 0 + 2^0 \times 1 = 5_{(10)}$$

となります。以下同様に 10 進数の 10, 15, 16 を 2 進数に変換すれば表 1-2 のようになります。

表 1-2　10 進数の 10, 15, 16 に対応した 2 進数

	2^4	2^3	2^2	2^1	2^0
10		1	0	1	0
15		1	1	1	1
16	1	0	0	0	0

信雄 この表の対応関係はつぎのように計算できます。

$$1010_{(2)} = 2^3 + 2^1 = 8 + 2 = 10$$
$$1111_{(2)} = 2^3 + 2^2 + 2^1 + 2^0 = 8 + 4 + 2 + 1 = 15$$
$$10000_{(2)} = 2^4 = 16$$

和昌 2進数どうしの足し算も、2で繰り上がると考えればよいので

$$1010 + 101 = 1111 \qquad 1111 + 1 = 10000$$

$$
\begin{array}{r}
1010 \\
+\ \ \ 101 \\
\hline
1111
\end{array}
\qquad
\begin{array}{r}
1111 \\
+\ \ \ \ \ 1 \\
\hline
10000
\end{array}
$$

となります。これら足し算は10進数では、それぞれ $10 + 5 = 15$ と $15 + 1 = 16$ に対応します。

雅人 そうだね。そして、原理的には、どんなに大きな数字でも2進法で表現できることになる。ただし、桁数はとてつもなく大きくなるがね。

しのぶ ところで、いまの表は**10進法** (decimal number system) にも応用できますね。つまり、表1-3のような対応になります。

表 1-3 10進法

	10^3	10^2	10^1	10^0	
56			5	6	$10^1 \times 5 + 10^0 \times 6$
432		4	3	2	$10^2 \times 4 + 10^1 \times 3 + 10^0 \times 2$
2050	2	0	5	0	$10^3 \times 2 + 10^2 \times 5$

第1章　デジタルの基本

1. 2. 1.　12 進数

結美子　これならば、10 のところが、どんな数字に変わっても対応が可能ですね。たとえば、**12 進法** (duodecimal number system) を考えてみます。表 1-3 と同じ数字の 56, 432, 2050 を 12 進法で表記すると、56 は

$$12^1{\times}4 + 12^0{\times}8$$

と計算できるので

$$56_{(10)} = 48_{(12)}$$

という対応になります。同様にして

$$432_{(10)} = 12^2{\times}3 = 300_{(12)}$$

です。ただし、2050 を計算すると

$$12^3{\times}1 + 12^2{\times}2 + 12^1{\times}2 + 12^0{\times}10$$

となって、1 桁目に 10 という数字が出てきてしまいます。これは 12 進法だから、ひとつの桁には 0 から 11 までの数字が入りうるからですね。無理に表記すれば

$$2050_{(10)} = 122(10)_{(12)}$$

でしょうか。

表 1-4　12 進法による表記

	12^3	12^2	12^1	12^0	
56			4	8	$12^1{\times}4 + 12^0{\times}8 = 56$
432		3	0	0	$12^2{\times}3$
2050	1	2	2	10	$12^3{\times}1 + 12^2{\times}2 + 12^1{\times}2 + 12^0{\times}10$

雅人　そうなんだ。この対策としては、10 に A, 11 に B を当てはめることもできる。すると

$$2050_{(10)} = 122A_{(12)}$$

と表記できる。つまり、12 進法には、0, 1, 2, ..., 9, A, B の 12 個の

15

数字が必要となることに対応している。

しのぶ この方式ならば、何進法でも対応できますね。そして、20進法ならば、20個の異なる数字表記が、100進法なら100個の異なる数字表記が必要となります。

雅人 それでは、12進数の BBA は、10進数のいくつになるだろう。

結美子 わたしが挑戦してみます。この数字は
$$12^2{\times}B + 12^1{\times}B + 12^0{\times}A$$
となりますので
$$BBA_{(12)} = 144{\times}11 + 12{\times}11 + 10 = 1584 + 132 + 10 = 1726$$
と計算できます。

雅人 正解だ。原理は同様だから、何進法でも対応できるね。それでは、コンピュータでよく利用される **16進数** (hexadecimal numeral) も扱ってみよう。

1.2.2. 16進数

信雄 16進数も、基本的な考えは同じですよね。まず、16個の1桁数が必要になりますから、12進数と同じようにアルファベットを使うと、0, 1, 2, 3, 4, 5, 6, 7, 8, 9, A, B, C, D, E, F の16個となりますね。10進数との対応は、A =10, B =11, C =12, D =13, E = 14, F = 15 となります。

雅人 変換方法も同じだね。それでは、3AE という16進数を10

第 1 章　デジタルの基本

進数に変換してみよう。

結美子　わたしが挑戦します。A =10, E = 14 ですから

　$3AE_{(16)} = 16^2 \times 3 + 16^1 \times 10 + 16^0 \times 14 = 256 \times 3 + 160 + 14 = 942_{(10)}$

となります。

雅人　正解。では、10 進数の 2543 を 16 進数に変換するのはどうだろうか。

信雄　ここは、僕が挑戦してみます。$16^3 = 4096 > 2543 > 16^2 = 256$ ですから、3 桁の数になります。ここで、まず $16^2 = 256$ で割って見ます。すると $2543 \div 256 = 9...239$ となり、3 桁目の数は 9 となります。つぎに、余りの 239 を 16 でわると $239 \div 16 = 14...15$ となりますので、16 進数では商が E となり余りが F となります。したがって、16 進数は 9EF となります。

雅人　これも正解だね。つまり

$$2543 = 16^2 \times 9 + 16^1 \times E + 16^0 \times F$$

となる。

しのぶ　先生は、16 進数はコンピュータでよく使われると言われていましたが、どういうことでしょうか。

雅人　正しくは、コンピュータを扱う人間にとって便利と言い換えたほうがいいね。コンピュータが認識できるのは、あくまでも 0 と 1 の 2 進法の世界だ。

　ただし、2 進数で大きな数字を扱おうとすると、やたらと桁数

が増える。

　たとえば、

$$1111_{(2)} = 15_{(10)} = F_{(16)}$$

という対応関係にある。

和昌　確かに、2進数では4桁ですね。

雅人　この程度なら、まだよいが

$$1001011111011011$$

となったら、どうだろうか。

結美子　すぐには、ピンと来ませんね。地道に定義にしたがって変換するしかないと思います。

$1001011111011011_{(2)} = 2^{15} +2^{12} +2^{10} +2^{9} +2^{8} +2^{7} +2^{6} +2^{4} +2^{3} +2^{1} +2^{0}$

$= 32768 +4096 +1024 +512 +256 +128 +64 +16 +8 +2 +1 = 38875_{(10)}$

となります。

雅人　そうだね。このように38875という5桁の10進数が16桁の2進数になってしまう。コンピュータにとっては、なんでもない数だが、われわれ人間にはどうにも扱いが難しい。ここで登場するのが16進数だ。ヒントは16進数が 2^4 進数ということだ。

和昌　そうか。4桁の2進数が1桁の16進数と対応するのですね。対応表をつくってみると、表1-5のようになります。

雅人　ここからが、重要なところだ。先ほどの2進数を4桁ずつ区切ってみよう。すると

第1章　デジタルの基本

1001 ｜ 0111 ｜ 1011 ｜ 1101

となるね。そのうえで、それぞれの 4 桁の 2 進数が、どの 16 進
数と対応するかを見てみよう。

表 1-5　1 桁の 16 進数と 2 進数、10 進数の対応

2 進数	10 進数	16 進数	2 進数	10 進数	16 進数
0000	0	0	1000	8	8
0001	1	1	1001	9	9
0010	2	2	1010	10	A
0011	3	3	1011	11	B
0100	4	4	1100	12	C
0101	5	5	1101	13	D
0110	6	6	1110	14	E
0111	7	7	1111	15	F

信雄　1001 = 9, 0111 = 7, 1101 = D, 1011 = B となりますので、16
進数では 97DB となりますね。

しのぶ　これを 10 進数に変換すると

$$97DB\,(16) = 16^3 \times 9 + 16^2 \times 7 + 16^1 \times 13 + 16^0 \times 11$$

$= 4096 \times 9 + 256 \times 7 + 16 \times 13 + 11 = 36864 + 1792 + 208 + 11 = 38875$

となります。確かにあっていますね。

雅人　このように 2 進数の大きな数字であっても 4 桁ずつに分け
て 16 進数を当てはめれば、われわれの認識しやすい数字になる。
プログラムをつくるときには、ひとが認識しやすい 16 進数で表
現することが多い。16 進数を 2 進数にするのも簡単だよね。

19

結美子 はい、表 1-5 の対応表があれば、すぐに変換可能です。ところで、いまは 4 の倍数の桁数でしたが、たとえば 6 桁の 2 進数の場合はどうなのでしょうか。たとえば、111011 の場合の変換です。

雅人 それは、頭に 0 を 2 個付ければ良いんだ。すると
$$111011 = 0011|1011$$
となって、16 進数は 3B となる。

信雄 なるほど、これなら万能ですね。

雅人 実は、16 進数は文字コードにも使われている。たとえば、ASCII[1] では "A" という文字に対応したコードは 41 という 16 進数となる。これは、コンピュータ上では 0100 0001 という 2 進数に対応する。41 ならば覚えやすいよね。そして、必要ならば、すぐに 2 進数に変換できる。

結美子 ただし、41 が 16 進数ということがわからなければ意味不明ですね。それにしても、面白いですね。10 進数と 2 進数以外は、あまり用途がないと思っていましたが、そうではないのですね。

1.2.3. 2 進数の小数
和昌 先生、ところで、ずっと疑問に思っていたのですが、2 進

---

[1] American Standard Code for Information Interchange の略で、情報交換用のアメリカ版標準コードとなる。いまでは、多くのコンピュータで使用されている。

第1章　デジタルの基本

法での**小数** (decimal) はどのように計算すればよいのでしょうか。イメージが、なかなか湧きません。

雅人　そういう時は基本に戻って考えてみればいいんだ。まず、10進数の小数の3.625を考えみよう。これは

$$3.625 = 10^0 \times 3 + 10^{-1} \times 6 + 10^{-2} \times 2 + 10^{-3} \times 5$$

ということを意味している。同じ要領で2進数も考えればよいんだ。

信雄　なるほど、そうすると2進数の小数の場合

$$110.1011 = 2^2 \times 1 + 2^1 \times 1 + 2^{-1} \times 1 + 2^{-3} \times 1 + 2^{-4} \times 1$$

と考えればよいのですね。

雅人　その通りだ。

しのぶ　2進数の小数の桁と10進数の対応を示すと、表1-6のようになります。

表1-6　2進数の小数点の対応

2^1	2^0	2^{-1}	2^{-2}	2^{-3}	2^{-4}	2^{-5}	2^{-6}	2^{-7}
2	1	0.5	0.25	0.125	0.0625	0.03125	0.015625	0.0078125

雅人　それでは、この表を参考にしながら、10進数の小数3.625を2進数の小数に変換してみよう。

結美子　わたしが挑戦します。まず、3.625 = 3 + 0.625 ですが、小数点より大きな3は2進法では11 (2) となります。問題は小数

点以下の 0.625 ですね。すると
$$0.625 = 0.5 + 0.125 = 2^{-1} + 2^{-3}$$
となりますから、結局 0.625 = 0.101 (2) と与えられます。よって
$$3.625 = 11.101 \,(2)$$
という対応関係が得られます。

雅人　その通りだ。これで、2 進法の場合の小数の扱い方も理解できたと思う。ただし、いまの場合は有限の小数で表現できたが、実は、変換がスムースにいかない場合のほうが多いんだ。

信雄　確かに、2進法の小数点以下第3位は 0.125 となり、第4位は 0.0625、第 5 位は 0.03125 となって、中途半端な数字が続きますね。

雅人　実は、10進法から 2 進法への簡単な変換方法があるんだ。例として 0.625 に適用してみよう。まず 2 倍する。すると 1.25 になるが、この小数点以上の 1 を除いた 0.25 を取り出しそれを 2 倍する。そして、同様の操作を繰り返すと
$$0.625 \times 2 = 1.25$$
$$0.25 \times 2 = 0.5$$
$$0.5 \times 2 = 1.0$$
という結果になり、小数点以下が 0 となるので、ここで計算は終わる。そのうえで、小数点より上の桁の数を上から並べると 101 となる。実は、2 進数の小数がこの値になり
$$0.625 = 0.101 \,(2)$$
という結果が得られるんだ。

第 1 章　デジタルの基本

しのぶ　どうしてこの方法で小数が得られるのでしょうか。

雅人　では、10 進数で確認してみよう。この場合は、10 倍して
いけばよいことになる。0.625 に適用すると

$$0.625 \times 10 = 6.25$$
$$0.25 \times 10 = 2.5$$
$$0.5 \times 10 = 5.0$$

となり、小数点より上の桁の数字を順に並べれば 625 となる。よ
って、小数部分は 0.625 ということになる。

結美子　なるほど、原理がわかりました。10 進法では 10 倍する
ごとに桁が 1 個上がるので、小数点よりすぐ上の桁が、小数点以
下第 1 位の数字となりますね。同様にして、2 進法では 2 倍する
ごとに桁が上がるということですね。

雅人　その通り。だから、3 進数ならば 3 倍、12 進数なら 12 倍
していけばよいことになる。それでは、この方法を 0.875 に適用
したらどうだろう。

和昌　僕が挑戦してみます。

$$0.875 \times 2 = 1.75$$
$$0.75 \times 2 = 1.5$$
$$0.5 \times 2 = 1.0$$

となります。最後は小数点以下が 0 となりますので、ここで終わ
りです。よって、0.875 = 0.111 (2) となります。

雅人　正解。この場合も割り切れているので、ちょうどよい数

23

字となっているね。それでは、0.6 はどうだろうか。

しのぶ 今度は、わたしが挑戦します。

$$0.6 \times 2 = 1.2$$
$$0.2 \times 2 = 0.4$$
$$0.4 \times 2 = 0.8$$
$$0.8 \times 2 = 1.6$$
$$0.6 \times 2 = 1.2$$
$$0.2 \times 2 = 0.4$$
$$0.4 \times 2 = 0.8$$
$$0.8 \times 2 = 1.6$$

となって、循環していきますね。これでは、切りがありません。

信雄 そうか。これは、同じ 1001 が延々と続くことを意味しているのですね。

雅人 そうなんだ。このように収束しない場合も結構ある。そして、0.6 の場合は、0.10011001... (2) のように 1001 の部分が続く循環小数となるんだ。

結美子 なるほど、10 進数の小数を 2 進数に変換するのは結構面倒なのですね。すると、どこかの桁で切って、近似するということでしょうか。

1.2.4. 小数の足し算
雅人 当然そうなるね。いずれ、いま紹介した手法を使えば、1 と 0 からなる 2 進数でも、小数を含めたすべての実数を表現でき

第 1 章　デジタルの基本

ることになる。その代わり、コンピュータの計算では、筆算と
違って端数が出ることもあるんだ。

　たとえば、

$$0.1 + 0.1 + 0.1 = 0.3$$

という計算は自明だよね。ところが、0.1 を 2 進数にすると

$$0.1 _{(10)} = 0.0001100011... _{(2)}$$

のような循環小数となるんだ。これでは、計算できないので、

$$0.1 _{(10)} \cong 0.00011 _{(2)}$$

と近似してみよう。すると 0.1 + 0.1 + 0.1 という計算は、2 進法で
は

$$0.00011 + 0.00011 + 0.00011$$

という計算になる。そして

$$
\begin{array}{r}
0.00011 \\
+\ 0.00011 \\
\hline
0.00110
\end{array}
\qquad
\begin{array}{r}
0.00110 \\
+\ 0.00011 \\
\hline
0.01001
\end{array}
$$

から、2 進法では

$$0.00011 + 0.00011 + 0.00011 = 0.01001 _{(2)}$$

となるんだ。ここで、最後の 2 進数を 10 進数に変換すると

$$0.01001 _{(2)} = 2^{-2} + 2^{-5} = 0.25 + 0.03125 = 0.28125 _{(10)}$$

となる。つまり、コンピュータの計算では

$$0.1 + 0.1 + 0.1 = 0.28125...$$

という結果になる。もちろん、近似精度を上げれば正解に近づ
くことにはなるが、計算にやたらと時間がかかる。だから、適
当なところで切り捨てる。

　このため、いまのコンピュータでも、変な表示が出て戸惑う
ことがよくあるんだ。

しのぶ　面白いですね。人間にとっては簡単な計算がコンピュータには難しいのですね。

雅人　これは、コンピュータでは 0 と 1 しか使えないという宿命だね。ここで、2 進数の四則演算についてまとめておこう。2 進数では、ひとつの桁に 0, 1 の 2 個の数字しかないので 1+1 になったときに桁が繰り上がるというのが基本になる。まず、足し算は大丈夫だね。

1. 2. 5.　2 進数の掛け算

しのぶ　はい、すでに実行していますね。それでは、掛け算を考えてみます。例として 11010×101 を考えます。これも 10 進法と同じように考えればよいのですね。これは、結局

$$11010 \times 101 = 11010 \times 1 + 11010 \times 100$$

という足し算になりますから

$$11010 + 1101000$$

となりますね。

　ここで足し算を実行すれば

$$
\begin{array}{r}
11010 \\
+\ 1101000 \\
\hline
10000010
\end{array}
$$

と与えられます。

雅人　正解だ。ただし、掛け算については、10 進法と同じように計算することもできる。具体的には

第 1 章　デジタルの基本

$$
\begin{array}{r}
11010 \\
\times \quad 101 \\
\hline
11010 \\
11010 \quad \\
\hline
10000010
\end{array}
$$

となる。

結美子　順序だてて計算していけば、この掛け算も大丈夫と思います。

1.2.6.　2進数の引き算

雅人　それでは、つぎに引き算に挑戦しよう。11010−101に挑戦するが、ここで注意するのが、1の位にある0−1という計算だ。これは 10 進法と同じ考えで、上の位から数字を借りてくることになる。そして 10−1 とできれば 1 と計算できる。

信雄　なるほど。そして、ひとつ上の位も 0 ならば 100−1 とすればよいのですね。すると 100−1 = 11 となります。

結美子　それでは、11010−101 に挑戦してみます。

$$
\begin{array}{r}
11010 \\
- \quad 101 \\
\hline
10101
\end{array}
$$

となります。念のために、検算をしてみます。

$$
\begin{array}{r}
10101 \\
+ \quad 101 \\
\hline
11010
\end{array}
$$

となって、確かに答えがあっていることが確かめられます。

1. 2. 7.　2 進数の割り算

雅人　その通りだね。実は、2 進数ではひとつの桁に 0, 1 しかないから計算自体はものすごく簡単になるんだ。それでは、最後は割り算に挑戦してみよう。

$$1100 \div 100$$

はどうだろう。

和昌　10 進数に変換すれば、12 ÷ 4 = 3 となるので、答えは 3 ですから、2 進数に直せば 11 となります。ですので、1100 ÷ 100 = 11 (2) となります。

雅人　まあ、確かに和昌君の方法もひとつのやり方だが、ここでは、2 進数で直接割り算をすることを考えてみよう。ヒントになるのが 10 進数の割り算だ。800 ÷ 32 を考えてみよう。このとき、割られるほうの 800 の上の位から見ていくのだったね。まず 100 の位の 8 は 32 では割れない。そこで、桁をひとつ落として 80 とする。すると 32 で割ると 2 となる。つぎに 32 × 2 = 64 を 80 から引いて 16 となる。つぎに 160 として 32 で割ると 5 と割り切れる。よって、答えは 25 となる。

信雄　いまの計算をたてに表記すると、つぎのようになりますね。

第1章　デジタルの基本

$$
\begin{array}{r}
0 \\
32\,\overline{\smash{)}\,8\vdots00}
\end{array}
\quad \rightarrow \quad
\begin{array}{r}
2 \\
32\,\overline{\smash{)}\,80\vdots0} \\
\underline{64} \\
16
\end{array}
\quad \rightarrow \quad
\begin{array}{r}
25 \\
32\,\overline{\smash{)}\,800} \\
\underline{64} \\
160 \\
\underline{160} \\
0
\end{array}
$$

しのぶ　この方法を2進法でも、そのまま応用すればよいのですね。

$$1100 \div 100$$

に適用してみます。

　1100の上の位から見ていきますと、割る数が100ですから、上の3桁を見ます。すると110となるので、1となります。つぎに110から100を引くと、10となります。つぎの数の0を添えて100となりますので、100で割れば答えは1となり、11が答えとなります。確かに10進法と同じ方法で解が得られますね。

結美子　いまの計算をたてに表記すれば

$$
\begin{array}{r}
11 \\
100\,\overline{\smash{)}\,1100} \\
\underline{100} \\
100 \\
\underline{100} \\
0
\end{array}
$$

となります。確かに、数字が1と0しかないので計算はとても楽ですね。

雅人　割り算では、割り切れない場合もあるが、10 進法と同じように計算していけば問題ない。このように、2 進数の計算は 10 進数の方法を、そのまま流用すれば簡単にできるんだ。

和昌　はい、よくわかりました。

1. 3.　ビットとバイト

信雄　ところで、コンピュータの容量で**ビット** (bit) や**バイト** (byte) と聞いたことがありますが、こちらも基本は 2 進数なのでしょうか。

雅人　そうだね。まず、"bit" の語源は "binary information digit" と言われている。これは 1 か 0 かの情報という意味だ。そして、1 ビットは 0 か 1、2 ビットでは $(0, 0)\,(0,1)\,(1, 0)\,(1, 1)$ という 4 個の情報が使える。

和昌　3 ビットでは $(0, 0, 0)\,(0, 0, 1)\,(0, 1, 0)\,(0, 1, 1)\,(1, 0, 0)\,(1, 0, 1)$ $(1, 1, 0)\,(1, 1, 1)$ という 8 個の情報となりますね。そうか 3 ビットでは $2^3 = 8$ から 8 個の情報が可能となるのですね。

雅人　そうだ。4 ビットは、$2^4 = 16$ 個となり、8 ビットでは $2^8 = 256$ 個の情報が扱えるんだ。

しのぶ　つまり 8 個の $(0, 1)$ の数字列が 8 ビットですね。

雅人　その通りだ。ちなみに、いまの情報の $1010\ 1001$ は 16 進数

30

第 1 章　デジタルの基本

では、A9 となる。そして、コンピュータでは、8 ビット (bit) を 1
バイト (byte) という単位で呼んでいる。

表 1-7　8 個の (0, 1) の数字列が 8 ビット

1	0	1	0	1	0	0	1

和昌　この 1 バイトは 8 ビットですので $2^8 = 256$ 個の情報が使え
るのですね。順序だてて考えると、まず最初は 8 個の数字がすべ
て 0 の場合ですね。つぎが、1 桁目が 1 で他は 0 の場合です。こ
れを続けていくと、表 1-8 のように、のように、256 個の異なる
データを確かに収納できることを確認できます。

表 1-8　1 バイト（8 ビット）で表現できる情報量は 256 個ある。

0	0	0	0	0	0	0	0		0
⋮		⋮		⋮					
0	1	0	0	0	1	0	1		69
⋮		⋮		⋮					
1	1	1	1	1	1	1	1		255

しのぶ　どうして、8 ビットを 1 バイトとしたのでしょうか。

雅人　これは、アメリカ発祥の単位なんだ。つまり、英語のア
ルファベットの大文字、小文字や数字や数学記号など、よく使
う記号を足すと、7 バイト、つまり $2^7 = 128$ 個よりも多くなって
しまう。一方、8 ビットつまり 256 個あれば、十分足りるという
ことがわかったんだ。このため、8 ビットが基本で、それを 1 バ
イトと呼ぶようになったと言われている。

和昌 そういうことだったのですね。では、日本ではひらがな46個、カタカナ46個で、これだけで92個ありますね。その他アルファベットも必要ですから、1バイトは8ビットでは足りなかったのですね。

雅人 漢字を入れなければ2バイト程度だったと言われているね。

しのぶ そうか漢字は多いですよね。常用漢字だけで2136個もあります。

1.4. 紙リールへの記録

雅人 実は、わたしが学生のころには、この8ビットの数字を紙のリールを使って入力していたんだ。たとえば、図1-2に示すようなたて8個の列からなるリールにパンチで孔を空けていく。そして、孔が開いた箇所を1、開いていない箇所を0とする。すると、リールの1列が8ビットの情報量に対応する。

結美子 なるほど。確かに、この方法ならば、たて1列に8ビットの情報が打てますね。たとえば、00010001 は○○○●○○○●というパンチ列に対応します。

雅人 そうなんだ。そして、プログラムを読むときには、光をあてる。すると孔のある箇所だけが光るので、1と0の区別がつくことになる。

和昌 なるほど。これは賢いですね。

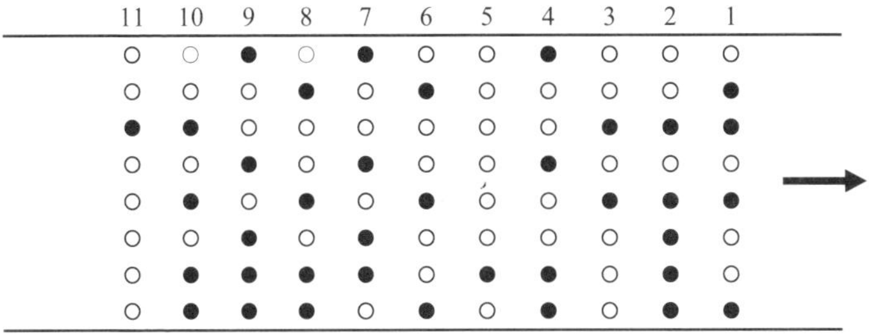

第1章　デジタルの基本

11	10	9	8	7	6	5	4	3	2	1
○	○	●	○	●	○	○	○	○	○	○
○	○	○	●	○	●	○	○	○	●	●
●	●	○	○	●	○	○	○	●	●	●
○	○	●	○	●	●	○	●	○	●	○
○	●	○	●	○	○	○	○	●	○	●
○	○	●	○	●	●	○	●	○	●	○
○	●	○	●	○	●	○	○	●	○	●
○	●	●	●	○	●	○	●	○	●	●

図1-2　8ビットの情報を打ち込んだ紙リール。これをコンピュータに右から 1 列、2 列と順に読み込ませて、プログラムを動かす。

雅人　さらに、アルファベットの A に 0100 0001 ○●○○○○○● を、B に 0100 0010 ○●○○○○●○のように対応させていけば、大文字 26 個、小文字 26 個、ピリオドやコンマなどが全部対応できるので、文章をつくることができるんだ。

結美子　なるほど、これによって紙リールにコンピュータがわかる情報を打ち込むことができるのですね。

雅人　ちなみに、この文字コードは、前に紹介した ASCII コードに対応していて、16 進数では、A は 41、B は 42 となっている。

しのぶ　確かに、表 1-5 の対応表を見ればそうなっていますね。つまり、英語の英数字を、このコードで読めるのですね。

雅人　まさに、その通りなんだ。ちなみに、ASCII コードの対応表を示すと、表 1-9 のようになっている。

信雄　確かに、16 進数のほうがわかりやすいですね。しかし、昔は、紙リールでコンピュータに指令を出して計算させていたのですね。

表 1-9　ASCII コードの一例

0011 0000	0	30
0011 0001	1	31
0011 0010	2	32
0100 0001	A	41
0100 0010	B	42
0100 0011	C	43
0010 1011	＋	2B
0011 1111	？	3F

雅人　記録した計算プログラムは、光を当てて読み取っていたんだ。すると、明暗が 1, 0 に対応する。そして、プログラムが記録された紙リールは保管ができて、何度でも使える。

和昌　とても賢い方法と思います。1, 0 の 1 ビットだから、機械的に孔を空けるだけでできる芸当ですね。

雅人　ただし、困ったこともあったんだ。

結美子　それは、なんでしょうか。

雅人　穿孔作業を 1 列でも間違えると、プログラムが動かないという問題だ。とたんにエラー "error" が出て終わりだ。

第 1 章　デジタルの基本

信雄　それは、そうですね。"go to" という指令を間違えて "ga to" と入力したのでは、コンピュータは動きません。

雅人　短いプログラムならばいいが、長いとどうしても打ち間違いがある。研究室には直径 1 メートルぐらいの紙リールのプログラムが保管してあったね。先輩たちが苦労してつくってくれたプログラムだ[2]。

しのぶ　なるほど、先輩たちの所産ですね。リールがあるならば、いつでも使えます。

雅人　ただし、プログラムは、どんどん進化する。だから、自分たちで打たないといけないことも多い。そして、1 列でも打ち間違えれば、最初からやり直しだ。1 週間かけて打ち込んだプログラムがダメになったこともある。さらに、作ったプログラム自体にエラーがあっても同様のことが起こる。そこで、ある時から、リールがカードに変わったんだ。

信雄　カードを積み重ねるという方法ですね。これならば、打ち間違えたカードや、プログラムに誤りがあっても、エラーの部分だけ打ち直せばよいということになりますね。

---

[2] 実は、切り貼りした痕跡のある紙リールも残っていた。つまり、間違った箇所を切り取り、正しく打ち直したものを貼り付けていたのである。まさに神業であった。

1.5. プログラミング言語

1.5.1. 機械語

雅人 当時は画期的なことと思ったね。ところで、00010010 や 00010011 は**機械語** (machine language) と呼ばれていて、コンピュータは理解できるのだが、人間が機械語を入力するのは結構大変なんだ。

しのぶ わたしは、機械語などまったく知らなかったです。

結美子 マシン語とも呼ばれていますね。そちらは聞いたことがあります。

雅人 機械語の入力は大変なので、ひとのわかる言葉でプログラムをつくり、それをコンピュータのわかる機械語に翻訳できれば、プログラムを作成したり、入力をすることがかなり楽になる。

和昌 なるほど、その言語を僕たちは習っているのですね。

雅人 そうだね。わたしが学生の頃に習ったのが、**コボル** (COBOL) や **フォートラン** (FORTRAN) だ。特に、理系の学生にとっては、科学技術計算に適したフォートランがいちばんの人気だったね。

1.5.2. プログラミング言語

しのぶ **プラグラミング言語** (programming language) のことです

第 1 章　デジタルの基本

よね。今でしたら、JavaScript や Python や C/C++ などが人気です
ね。

信雄　これらプログラム言語は、最後は機械語に翻訳されてコ
ンピュータが処理するのですね。

雅人　その通り。コンピュータが理解できるのは、(0, 1) の世界
だけだからね。そして、機械語に翻訳する方式には 2 種類ある。
まず、**コンパイル** (compile) 方式。これはプログラミング言語を
一括して機械語に翻訳するやり方のことだ。たとえば、英語で
書かれたプログラムを日本語にいったん翻訳してから実行する
ようなものだね。
　一方、**インタープリタ** (interpreter) 方式というのは、プログラ
ミング言語の指令をひとつずつ機械語に翻訳しながら実行する
方式だ。ちょうど通訳つまり "interpreter" を介して英語と日本語
でやりとりするようなものだね。

しのぶ　なるほど。それでは、なぜ、ふたつの方式があるので
しょうか。

雅人　それぞれ一長一短があるからだ。コンパイル方式では、
一括して翻訳するのでコンピュータの実行時間を短縮できるの
だが、どこかにプログラムミスがあれば動かない。一方、イン
タープリタ方式では、時間がかかるが、エラーがある箇所まで
は動いてくれる。だから、プログラム開発には向いている。

和昌　なるほど、それぞれに特徴があるのですね。

結美子 ところで、プログラミング言語はひとつに統一すれば よいのではないでしょうか。いろいろな種類があると混乱しま すし、学ぶほうも大変です。

雅人 それもひとつの考えだが、たとえば、FORTRAN は数式に 慣れた理系のひとにとっては、とても使いやすい言語なんだ。
　一方で、文系のひとには使いにくい。そこで事務作業用に開 発 さ れ た 言 語 が、COBOL だ。こ れ は、"Common Business Oriented Language" の頭文字をとったもので、和訳すれば共通事 務処理用言語となる。だから、記述も、自然言語の英語に近い のが特徴だ。ちなみに、FORTRAN の名は "formula translation" に 由来している。"formula" は公式、"translation" は翻訳という意味 だから、数式翻訳用のプログラム言語となる。

しのぶ なるほど。確かに、数式になじみがあるかないかは大 きい違いですね。

雅人 さらに、Python はインタープリタ方式だが、FORTRAN や C/C++ はコンパイル方式という違いもある。

結美子 プログラミング言語によって、機械語翻訳方式に違い があるのですね。

雅人 ただし、Java の基本はコンパイル方式だが、仮想マシンで 一部機械語に翻訳されて動くのでインタープリタ方式も取り入 れていることになる。

第 1 章　デジタルの基本

しのぶ　ますます、複雑になっていますね。

信雄　ひとことで、コンピュータと言っても、それを動かすソフトのほうは、いろいろな方式や言語があり、それぞれに特徴があるということですね。

1.5.3.　BASIC 言語

雅人　そうなんだ。わたしが学生の頃に重宝したのは、"BASIC"というプログラミング言語だね。なにしろ、当時の容量の少ない PC (personal computer) でも動かすことができたんだ。画期的だったよ。

和昌　BASIC は聞いたことがあります。NEC が開発した N88-BASIC をおじさんが使っていました。

雅人　実は、1982 年に NEC が N88-BASIC を標準装備した PC9801 というパソコンを 298000 円で売り出したのだが、飛ぶように売れたんだ。わたしも、博士の学生だったが、バイトで貯めたお金ですぐに購入した。

結美子　当時の 30 万円というのは結構大きいお金だったのではないでしょうか。

雅人　それ以上に魅力的だったということだ。なにしろ、BASIC は扱いやすく、初心者でも、それほど苦労せずに使えたからね。たとえば

```
10  A = 5
20  B = 3
30  C = A + B
40  print C
```

というプログラムでは、5 + 3 = 8 という結果がでるのだが、数式
や文字式と言語が対応しているので、実に簡単だったんだ。

信雄　確かに、単純ですね。BASIC 言語を習っていなくともわ
かります。

雅人　さらに、グラフィック機能にも対応していて、それも簡
単なコマンドなんだ。たとえば、円を描く際

```
10  CIRCLE(3, 8), 2
```

と入れれば、中心座標を (3, 8) として半径 2 の円を描いてくれる。
また、線を引くときは

```
20  LINE(3,8)-(5,11)
```

とすれば、座標 (3, 8) から (5, 11) に線を引けという命令となる。

和昌　確かに簡単なコマンドですね。

雅人　その結果、BASIC を使えば、いろいろなコンピュータゲ

第 1 章 デジタルの基本

ームを自作することができたんだ。それが、人気の背景にあっ
たんだ。

しのぶ 昔は、自作のゲームを販売することもできたと聞きま
した。

雅人 そうなんだ。当時は、カセットテープで販売されていた
からね。それで、一躍ヒーローになったひとも結構いたんだ。
わたしも簡単なゲームをつくったら、研究室の後輩たちが夢中
になってしまって、教授からしかられたことがあったよ。今と
なっては、懐かしい思い出だね。

信雄 結局、コンピュータを扱う場合、コンピュータ本体を機
械として扱う**ハードウェア** (hardware) 分野と、それをうまく使い
こなすためのツールである**ソフトウェア** (software) 分野が必要と
いうことですね。

雅人 そうなんだ。PC9801 は、これら両方を備えていたんだ。
そして、ハードとソフトは、車の両輪のように、互いをけん引
しながら、コンピュータの世界の発展を支えてきたんだ。

結美子 それはよくわかります。ハードウェアでは、処理速度
の速さやメモリの大きさに進歩がありますが、ソフトウェアで
も、数多くのソフトが開発され、機能がどんどん高度になって
います。

雅人 そうなんだ。実は、FORTRAN という言語も、1957 年に

41

IBM704 用に開発された初代のものから FORTRAN II, III, IV, 66, 77, 90 のように、どんどん進化しているんだ。いまでは、FORTRAN2018 もリリースされている。

1.6. 容量

和昌 最近テレビコマーシャルでよく、ギガという言葉を聞きますが、あれは、ギガバイトのことでしたでしょうか。

雅人 その通り、まず 1 バイトが 8 ビットで 256 個の情報が入っている。**ギガ** (giga: G) は接頭語で 10^9 という意味だ。順序だてていくと、**キロ** (kilo: k) が $10^3 = 1000$、**メガ** (mega: M) が $10^6 = 1000000$、**ギガ** (giga: G) が $10^9 = 1000000000$、**テラ** (tera: T) が $10^{12} = 1000000000000$ となる。整理すると表 1-10 のようになる。

しのぶ 確か、最近買ったパソコンのハードディスクの容量がギガではなく、テラになっていて、とても驚いたことがあります。年々、容量が大きくなっていますよね。そう言えば、メモリディスクの容量もそうですね。

表 1-10 デジタル情報の単位

バイト [B]	1 [B]	1	情報の基本単位 8 bit
キロバイト [kB]	10^3 [B]	1000	短い文章は数 kB
メガバイト [MB]	10^6 [B]	100 万	1 分間の音楽は 1[MB]
ギガバイト [GB]	10^9 [B]	10 億	4000 枚の写真は 1[GB]
テラバイト [TB]	10^{12} [B]	1 兆	1[TB]で動画 100 時間以上

第1章　デジタルの基本

雅人　いまのテレビでは、動画を記録できるメモリ容量を持っているが、それがテラバイトだね。

和昌　ところで、最近のパソコンでは、よく32ビットや64ビットと聞きますが、バイトと違いますね。

雅人　ビットを思い出そう。1ビットとは $2^1 = 2$ の情報量で0と1の2個だったね。そして、8ビットとは、$2^8 = 256$ 個の情報量だった。同様にして32ビットとは、2の32乗の情報量となる。また、64ビットは2の64乗という情報量だ。

結美子　2^{10} が1024ですから、$2^{30} = 2^{10 \times 3} = (1024)^3$ ですね。これは 1000^3 と考えると、10^9 となって10億程度ですね。2^{32} は、さらに4倍ですから、約40億の情報量になります。

雅人　その計算はいい線いっているね。実際には
$$2^{32} = 4294967296$$
で、約43億となる。

信雄　それは、すごい数ですが、64ビットは 2^{64} の情報量ですね。よって
$$2^{64} = (2^{32})^2 = 4294967296^2$$
となります。つまり、およそ43億×43億ということですね。$(4.3 \times 10^9)^2$ ですから
$$18.49 \times 10^{18} \cong 1.849 \times 10^{19}$$
のように、10^{19} のオーダーとなります。

雅人 そうだね。億が 10 の 8 乗 (10^8)、兆が 10 の 12 乗 (10^{12})、そのつぎは京（けい）で 10 の 16 乗 (10^{16}) となる。つまり 1849 京という数となる。実際に計算すると

$$2^{64} = 18446744073709551616$$

のように 20 桁の数となる。

しのぶ これは、すごい数ですね。確か、OS (operating system) の Windows10 では 32 ビットと 64 ビットの 2 種類がありましたが、容量が 2 倍程度と思っていました。実際には、これだけ大きな情報量の差があったのですね。

雅人 そして、Windows11 では、64 ビットだけになっている。そう言えば、前に紹介した NEC の PC98 シリーズは 16 ビットだった。それまでの PC88 シリーズが 8 ビットだから、画期的な容量アップだったんだ。そのため、ROM (read only memory) に BASIC を標準装備することができた[3]。それまでは、プログラムはフロッピーディスクを挿入して読み込ませていたからね。

和昌 いまの PC は、ハードディスクの容量が大きいので、それが当たり前ですが、昔は、いちいちフロッピーディスクを挿入していたのですね。

1. 7. デジタルの世界

雅人 コンピュータは情報をデジタル化しているのだが、画像

---

[3] ROM とは読み出し専用のメモリのことである。パソコンの基本プログラムである Windows のような OS や Word や Excel などの基本ソフトを収容している。

44

第 1 章　デジタルの基本

や、音、映像なども 0 と 1 の 2 個の数字の集まりとして扱われている。この 2 個の 2 進数の組み合わせであるビットによって、あらゆる情報を表現することができる。これがデジタルの世界の特徴だ。

　たとえば、位置を指定するためには座標が必要になる。そこで、図 1-3 のような 9 個の座標を考える。そして、右表のように、それぞれに 8 ビットの数列を当てはめるんだ。

7	8	9
4	5	6
1	2	3

00000111	00001000	00001001
00000100	00000101	00000110
00000001	00000010	00000011

図 1-3　位置座標と 8 ビットデータの対応

しのぶ　なるほど。こうすれば、8 ビットの数値を入れれば、どの座標かがわかるのですね。

雅人　そうだ。たとえば、5 の位置を光らせたい場合、00000101 という数値を入れると

7	8	9
4	5	6
1	2	3

図 1-4　8 ビットの数値の 00000101 を入れると座標 5 が点灯する。

のように、5 の位置の座標が反応することになる。このように、

位置を指定して光らせれば、いろいろな文字や絵を描くこともできる。

信雄 そう言えば、昔のテレビゲームもそうでしたね。確か、たまごっちの画面もこんな絵でした。

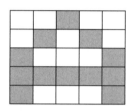

図 1-5 指定した座標の数値を打ち込むとデジタル化された文字 (A) が作製できる。

結美子 昔のゲームはみんなギザギザがありましたね。インベーダーゲームもそうでした。スーパーマリオもそうですね。

しのぶ なにか、そのほうが風情がありますね。いまのゲームは現実世界のようで戸惑うこともあります。

第2章　ハードウェア

雅人　機械であるコンピュータは1と0しか認識できない。それでも、高速計算が可能となっている。それでは、コンピュータでは、どうやって1と0を認識しているのだろうか。

信雄　1と0ならば、あるとなしの2種類の動作で済みますね。たとえば、「ランプがついている、ついていない」など、オンオフはいろいろな操作で対応できるのではないでしょうか。

雅人　そうだね。ただし、現在のコンピュータでは、「電流のあるなし」をメインに利用している。

しのぶ　電流が流れているか流れていないかを1と0に対応させているのですね[4]。

雅人　その通り。そして、これを高速で処理するために利用されるのが**半導体** (semiconductor) だ。

---

[4] メモリにおいては、磁場があるかないかを利用している。

信雄　なぜ、半導体なのでしょうか。金属に電流を流すか流さないかでも同じだと思いますが。

雅人　まず、電気伝導性で物質を分類すると、**導体** (electric conductor)、**半導体** (semiconductor)、**絶縁体** (insulator) の 3 種類となる。導体の代表は、金、銀、銅などの金属だね。絶縁体の代表は、陶器やゴムやプラスチックだ[5]。

結美子　これら特性は、**電気抵抗** (electric resistance) によって区別できたのでしたね。

雅人　厳密な境界線が定義されているわけではないが、図 2-1 のような分類となっている。ここでは、電気抵抗ではなく**抵抗率** (resistivity) が基準だ。

しのぶ　抵抗率というのは、物質定数でしたね。

雅人　そうだ。電気抵抗 ($R:\Omega$) は、物質の断面積 ($A:\text{m}^2$) と長さ ($L:\text{m}$) の影響を受ける。そこで、規格化した抵抗率 ($\rho:\Omega\text{m}$) が使われ

$$\rho = RA \,/\, L$$

と与えられる。つまり、ある物質の断面積 1 [m²] で長さが 1 [m] の電気抵抗ということになる。

和昌　単位を追うと、抵抗率は $\rho = [\Omega][\text{m}^2] \,/\, [\text{m}] = [\Omega\text{m}]$ となるの

---

[5] いまでは、導電性のプラスチックも開発されている。

第 2 章　ハードウェア

ですね。

信雄　ところで、半導体の抵抗率を見ると、10^{-6} から 10^{6} [Ωm] とかなり広範囲にわたっています。

雅人　実は、これが半導体の大きな特徴になる。この変化は、温度や印加する電圧でも異なるし、他の元素を添加することでも大きく変化する。そして、それを利用すると、多様な素子がつくれるんだ。

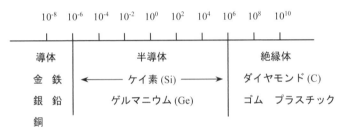

図 2-1　導体、半導体、絶縁体の抵抗率 [Ωm]

雅人　そして、コンピュータ応用を考えたときに重要なのは、表 2-1 の性質だ。

表 2-1　電気特性と ON/OFF 機能

ON		OFF
○	導体	
○	半導体	○
	絶縁体	○
電流あり		電流なし

和昌 なるほど、金属などの導体は、電流が流れるので ON の状態しか実現できず、絶縁体では、電流が流れないので OFF の状態しかできないのですね。一方、半導体は、この中間なので、ON と OFF の状態がつくれるということですか。面白いですね。

雅人 まさに、その通り。もともと半導体は中途半端な性質で、使い物にならなかった。たとえば、電流を流すときには導体の金属を使うが、剥き出しのままだと危険なので、絶縁体でまわりを覆って安全に使える。しかし、半導体は、どちらの用途にも使えない。

しのぶ 確かに、導線にも絶縁層にも使えませんね。

2.1. 半導体とドーピング

雅人 ところが、その半導体が一躍エレクトロニクスの主役に踊り出ることになる。その代表が**シリコン** (silicon: Si) だ。ただし、シリコンだけでは利用価値はほとんどないんだ。

和昌 それは、P型半導体とN型半導体のことでしょうか。

雅人 まさに、その通り。みんなはP型とN型の違いは知っているかな。

しのぶ Pは positive つまり正、Nは negative つまり負に由来します。それを理解するには Si が基本となるのでした。

第 2 章　ハードウェア

和昌　シリコン Si は真性半導体です。炭素 C と同じように、4 本の結合手があるので、ダイヤモンド構造をとります。これが基本です。ただし、このままでは電流が流れません。

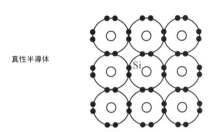

図 2-2　Si は 4 本の結合手があり、M 殻が 8 個の電子で埋まる。そのため、常温では、自由に動ける電子（自由電子）が存在せず、真性半導体となる。

結美子　そこで Si に 3 価の元素である**ホウ素** (boron: B) などを添加すると、図 2-3 に示したように、その位置だけ負の電子が 1 個足りなくなります。その結果、あたかも＋に帯電しているようにみえます。これが P 型半導体ですね。このとき、電子の欠けた位置を**正孔** (positive hole) と呼びます。

雅人　その通り。そして、この正孔が動くことで伝導性が生じ、真性半導体の Si よりも電気が通りやすくなる。

しのぶ　さらに、B の添加量を変えることで、電気伝導を担う正孔の濃度を制御することができるのでしたね。B のように価数の異なる元素を Si に添加するのが**ドーピング** (doping) でしたね。

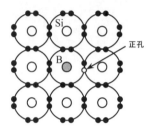

図2-3 P型半導体：Siに3価のBを添加すると、電子の抜けた孔である正孔が形成される。正孔はプラス＋に帯電しているため、正の電荷が注入されたことになる。

信雄 一方、4価のシリコンに、5価の元素の**ヒ素** (arsenic: As) をドーピングすると、その位置だけ負の電子が1個余分に存在することになります。そのため、1個のSiをAsで置換するごとに、動くことのできる電子が1個生成します。これがN型半導体でしたね。

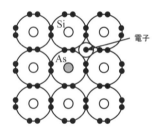

図2-4 N型半導体：Siに5価のAsを添加すると、負の電荷が注入される。

雅人 その通りだ。そして、P型とN型半導体の組み合わせによって、多くの機能をもった半導体素子が誕生している。

第2章　ハードウェア

2.2. ダイオード

雅人　みんなは**ダイオード** (diode) という半導体素子を知っているかな。

和昌　もちろんです。P型半導体とN型半導体を接合させたものですよね。

しのぶ　**整流作用** (rectification) があるので、**交流** (alternate current: AC) を**直流** (direct current: DC) に簡単に変えることができると習いました。

雅人　実は、PN接合には、整流作用だけでなく、**太陽電池** (solar battery) や**発光ダイオード** (light emitting diode: LED) などの魅力的な応用もあるんだ。ここでは、まず基本となる整流作用の原理を見てみよう。図2-5に電流が流れない場合を示してある。

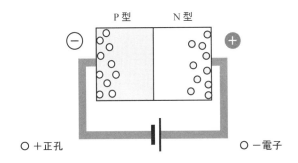

図2-5　PN接合に電流が流れない配置：逆方向電圧

しのぶ N型半導体側に正極（＋側）を、P型半導体側に負極（－側）をつなげていますね。

結美子 すると、N型半導体中の電子が正極側に引き寄せられます。同じようにP型半導体中の正孔が負極側に引き寄せられますので、PN接合部分では電荷が存在せず、電荷の移動が生じないので、電流が流れません。

結美子 これを**逆方向電圧** (reverse voltage) と呼ぶのでしたね。

雅人 そうだ。そして、PN接合界面にできる電荷の存在しない領域（電荷欠乏層）は絶縁体となる。

和昌 つぎに、電極の配置を変えたときの状況を考えてみます。すると、図2-6のようになります。N型半導体に負電極から電子が流れてきます。このため、電子の濃度が高くなりますので、電子はP型半導体側に押し出されます。一方、P側にあった正孔は負極に引かれて右側に移動します。

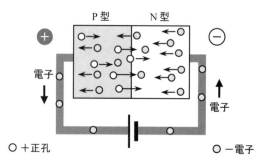

図2-6　PN接合に電流が流れる配置：順方向電圧

第2章 ハードウェア

信雄 P側に押し出された電子は、N側に引かれた＋の正孔に出会うと電荷は消えてしまいますね。それでも電子は、どんどん押し寄せるので、電子はP側を越えて正極に向かうことができるのですね。だから電流が流れます。

雅人 定性的には、その説明で十分だと思う。そして、この配置を**順方向電圧** (forward voltage) と呼んでいる。

2.3. 正孔の移動

しのぶ 実は、この**正孔** (positive hole) のことがよくわかりません。これは、電子が抜けた**孔** (hole) のことですよね。原子としては－が足りないから、結果として＋になるのはわかります。でも孔はあくまでも孔で、それが図 2-6 のように動くということがよくわからないのですが。

雅人 なるほど、動けるのはあくまでも実体のある電子なはずだからね。では、図 2-7 を使って正孔の移動を説明してみよう。

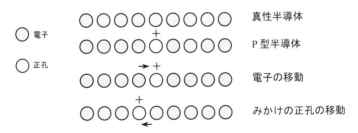

図 2-7　正孔の移動。実際に移動しているのは電子であるが、図のように電子が右に移動すると、あたかも正孔が左に移動したように見える。

55

しのぶ Siのような**真性半導体** (intrinsic semiconductor) では、すべての格子が電子で埋まっています。それがいちばん上の図ですね。そして、P型半導体は、この状態から電子を取り去った状態なので、そのつぎの図となります。そして、電子の埋まっていない箇所は＋に帯電しますので正に帯電した孔、つまり、正孔と呼ぶのでしたね。

雅人 ここで、P型半導体において、正孔の隣りの電子が移動してきたとしよう。すると、正孔のあった場所を電子が埋め、もとの電子の位置に正孔ができる。つまり、移動しているのは電子なんだが、あたかも正孔が逆方向に移動したように見えるんだ。

しのぶ なるほど。移動するのは実体のある電子ですが、結果として、正孔が移動しているように見えるのですね。

雅人 納得したかな。ちなみに、回路図を描くときのダイオードの記号は図2-8のようになる。

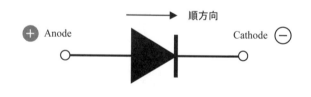

図 2-8 ダイオードの回路記号

しのぶ ダイオードは交流を直流に変換できるのでしたね。

雅人 ああ、交流回路にダイオードを1個挟めばそれで済む。すると図2-9のように、交流電流が正の部分だけになる。

図2-9 ダイオードを利用した整流作用：半波整流

結美子 逆方向では、電流が流れないからこうなるのですね。しかし、このままでは、半分、電力を無駄にしていますね。

雅人 そうなんだ。これを**半波整流** (half-wave rectification) と呼んでいる。そこで、図2-10のような回路をつくったひとがいる。全波整流回路と呼ばれているものだ。

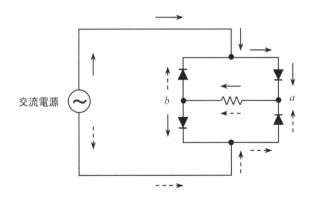

図2-10 全波整流回路：図の回路の ab 間に負荷を置けば、常に電流は a から b の一方向に流れる。

和昌 ダイオードを4個使っているのですね。確かに、電流を順に追っていけば、a から b では、どちらの場合でも同じ方向に電流が流れますね。

雅人 その結果、交流電流は、図 2-11 のように整流されるんだ。これならばロスはないよね。これを**全波整流** (full-wave rectification) と呼んでいる。

図 2-11　全波整流回路を用いた交流電流：全波整流

結美子 なるほど、うまいことを考えるひとがいるのですね。

雅人 電気回路には、いろいろな知恵がつまっていて、人類の科学的所産と思うよ。学生の頃、秋葉原でダイオードを買って整流回路をつくっていたんだが、結構、面倒くさいんだ。そのため、図 2-10 のような素子に仕上げた整流回路がパッケージとして売られていたんだ。とても重宝したよ。

2.4. トランジスタ

雅人 それでは、重要な半導体素子として**トランジスタ** (transistor) を取り上げてみよう。これは、PNP 接合あるいは NPN 接合からなる素子のことなんだ。

第 2 章　ハードウェア

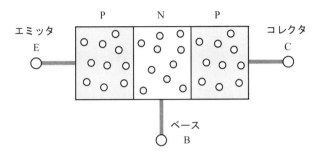

図 2-12　PNP 接合型トランジスタの構造

和昌　トランジスタには 3 個の足がありましたね。それぞれ、**ベース** (base: B)、**エミッタ** (emitter: E)、**コレクタ** (collector: C)です。

結美子　"base" は、ベースになる「起点」という意味ですね。"emitter" は「放出する」という英語の "emit" の名詞形です。一方、"collector" は「集める」という英語の "collect" の名詞形ですが、機能がよくわかりません。

雅人　なかなか、いい線いっているね。実は、トランジスタには増幅という重要な機能があるんだ。弱いベース電流 (I_B) を流すと、エミッタからコレクタに向かって大きなコレクタ電流 (I_C) が流れるんだ。エミッタから "emit" つまり出て行く電流を、コレクタで "collect" つまり「集める」という意味となる。このため、この名がついている。これら 3 端子の機能については後ほど詳しく説明する。

信雄　なるほど、トランジスタのメインの機能は**増幅作用**

59

(amplification) なのですね。いまの説明でいけば、増幅率 = I_C / I_B となりますね。

雅人 その通り。正式には**直流電流増幅率** (direct current amplification factor) と呼んで h_{FE} や β という記号を使う。この機能は、なかなか便利で、たとえばラジオに使うと弱い電波信号を増幅してくれる。いわゆる**トランジスタラジオ** (transistor radio) だ。

しのぶ その名前は聞いたことがあります。

雅人 昔は、増幅回路に**真空管** (vacuum tube) が使われていたので、ラジオは大きくて卓上が当たり前だったんだ。それが、トランジスタに替って、コンパクトとなり、携帯できるようになったのだから画期的だったね。

和昌 卓上ラジオですか。茶色い箱形のものですよね。昭和初期の番組では時々見ますね。

図 2-13 トランジスタの外観

雅人 学生のころは、研究室で使う電気回路を半田ごてで自作

第 2 章　ハードウェア

していたので、電子部品を秋葉原に、よく買いに行ったんだ。トランジスタは、図 2-13 のような 3 本足の端子で、安いのは壊れていたりしたので、回路に組み込む前はチェックするのが基本だった。産業ごみに捨てられている電化製品を分解して、部品を再利用したりもしていたね。

信雄　そうなんですか。いまは、電気回路実験で少しかじる程度ですね。ところで、もうひとつのトランジスタは NPN 型でしたね。

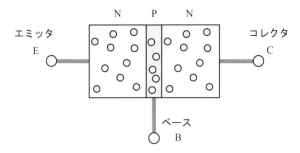

図 2-14　NPN 型トランジスタの構造: 実際のトランジスタでは、この図のように、ベース (B) に対応した半導体部分の厚さは薄くしてある。

雅人　そうだ。図 2-14 の構造をしている。実際のトランジスタでは、この図のように、ベース (B) に対応した半導体部分の厚さは薄くしてある。

しのぶ　この薄いということが重要なのでしょうか。

雅人　そうなんだ。この部分に流れる電流をベース電流 (I_B) と呼

ぶが、わずかな電流でNP接合の電流遮断作用をはずすというのがキーになる。

結美子 先ほど、コレクタ電流の話が出てきましたが、図2-14を見ると、コレクタ(C)からエミッタ(E)に向けて電流を流そうとしても、途上にNP接合があるために、電流は流れませんね。

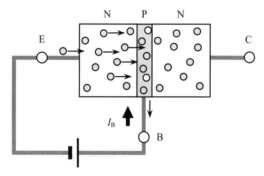

図2-15 ベース電流を流すと、P型半導体内の正孔が電子で埋められ、さらに、電子の流れが生じる。

雅人 ここでベース電流が登場する。図2-15のようにベース電流を流すと、左のNP接合に対しては順方向電圧となる。すると、電子がP型半導体に注入され電子の流れができる。

しのぶ なるほど。その結果、右のPN接合のブロックがなくなるのですね。あえて言えば、NN接合のように変わるのですね。すると、EC間の導通をブロックしていた接合がなくなり、EからCに向けて電子が移動できるようになります。電流とすれば、

第2章　ハードウェア

CからEに向けて流れるようになるということですね。

雅人　まさに、その通り。ベースとなるP型半導体の厚さが薄ければ、わずかな電流で、この電流ブロックがはずれるということになる。

結美子　まるで、蛇口のような働きですね。

雅人　その喩えはわかりやすいね。ここで、さらに、図 2-16 に示すように外部電源につなげると、CからEに向けて大きな電流が流れることになる。

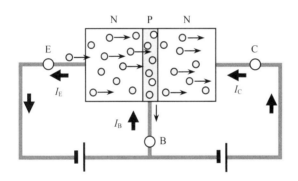

図 2-16　外部電源をつなげると、CE間に電流が流れる。
トランジスタ内部の矢印は電子の移動を示している。

結美子　なるほど。ベース電流を流すことで、NPNのPのバリアがなくなり、CE間に電流が流れるのですね。このとき

$$I_E = I_B + I_C$$

63

という関係になります。

和昌 $I_B = 1$ [mA], $I_C = 100$ [mA] とすると、$I_E = 101$ [mA] ということになりますね。

しのぶ つまり、増幅率は、$h_{FE} = I_C / I_B = 100 / 1 = 100$ となります。

信雄 この増幅原理がトランジスタラジオなどに使われているのですね。

雅人 ここで、回路図も示しておこう。PNP と NPN 型トランジスタの回路図における記号は、図 2-17 のようになる。

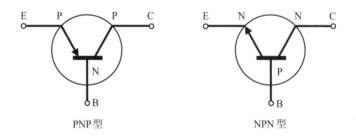

図 2-17　トランジスタの回路図記号

しのぶ 矢印のある端子がエミッタ (E) なのですね。

雅人 その通り。そして、矢印の向きは P→N となっている。こ

れと対称位置にある端子がコレクタ (C) 、そして、真ん中の端子がベース (B) となる。

結美子 ところで、ラジオに使われる電波は、交流信号ですよね。その場合の増幅はどうなるのでしょうか。

雅人 そうだね。電波では電場が振動しているため、それをアンテナが受信すると、交流電流が誘導される。これがラジオへの入力となる。この交流電流を、ベース電流として、コレクタ電流も交流となり、その振幅が図 2-18 に示すように増幅されるんだ。

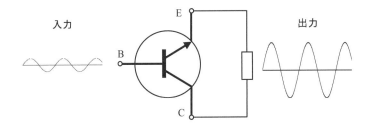

図 2-18 トランジスタを利用した交流信号の増幅

しのぶ 先生、ところで主題は高速でオンとオフを制御できる半導体素子の話でしたね。

2.5. ON/OFF を制御するトランジスタ

雅人 それが主題だったね。実は、もうすでにスイッチングの原理のヒントは説明しているんだ。それは何だと思う？

信雄 もしかしてベース電流でしょうか。これが蛇口の役目をすると言われていましたよね。

雅人 まさに、その通り。ベース電流を流すと、薄いベースの半導体層に電子が注入され、コレクタ電流が流れる。いままでは、定量的な話をしてこなかったが、コレクタ電流が流れるための限界のベース電流が存在する。つまり、このしきい値より、低ければ OFF、高ければ ON という状態がつくれるんだ。

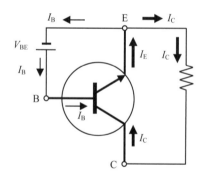

図 2-19 ベースとエミッタ間に流れる電流によってコレクタ電流を ON/OFF することが可能である。実際には、電源 V_{BE} の大きさで制御が可能となる。

しのぶ なるほど、ベース電流によって ON/OFF が制御できるの

ですね。これが、コンピュータで 1 と 0 のビットを作り出してい
るのですね。

2.6. 電界効果トランジスタ

雅人 ただし、いまのコンピュータの ON/OFF に使われているト
ランジスタは**フェット** (field effect transistor: FET) と呼ばれている
ものだ。日本語では、**電界効果** (field effect) トランジスタとなる。
いまの FET は、MOS (metal oxide semiconductor) つまり金属酸化
物を使うことが多いので、MOSFET モスフェットと呼ばれてい
る。ちなみに、すでに紹介した PNP と NPN 型のトランジスタは、
バイポーラトランジスタ (bipolar transistor) と呼ばれている。

和昌 電界 (field) ということは、電流で制御しないという意味な
のでしょうか。

雅人 その通り。そこが大きなポイントだね。電流を流そうと
すると電源の切り替えに時間がかかるんだ。FET は、その必要が
ないので、かなりの高速で ON/OFF をスイッチできる。

しのぶ 電界で制御するという意味がよくわからないのですが、
どうするのでしょうか。

雅人 それでは、まず、FET の構造からみてみよう。それは、図
2-20 のようになる。

67

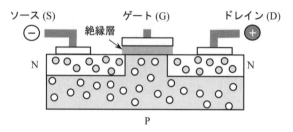

図 2-20　電界効果トランジスタ (FET) の構造：N 型 FET

結美子　バイポーラトランジスタでは、端子はベース (B)、エミッタ (E)、コレクタ (C) でしたが、FET では、**ゲート (G)、ドレイン (D)、ソース (S)** となっていますね。

雅人　まず、ベース (B) とゲート (G) が対応していることはわかるね。

和昌　それは、わかります。ただし、図をよく見ると、FET のゲートは本体と絶縁されていますね。

雅人　そうなんだ。絶縁層には SiO_2 が使われている。そして、ゲートから電流は流れない。その代わり、電圧すなわち電界を印加して制御するんだ。このため、電界効果トランジスタと呼ばれている。

しのぶ　つまり、バイポーラでは、ベースの電流で ON/OFF を制御しているのに対し、FET では、ゲートの電圧で制御しているのですね。

第 2 章　ハードウェア

雅人　その通り。ここで、ゲートに正の電圧を加えたときの変化を図 2-21 に示してある。

信雄　面白いですね。ゲートに電圧を加えただけで、電流が流れるようになるのですね。これは、ゲートに正の電圧を加えると、ちょうど、コンデンサのように、絶縁体を介して、半導体側に負の電子が引き寄せられることが原因ですね。

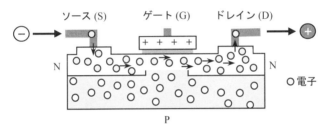

図 2-21　FET が ON の状態：ソースからドレインに向かって電子の流れが生じる。このとき、電流は＋のドレインから、－のソースに流れることになる。

しのぶ　一方では、正の電圧付加によって、正に帯電した正孔が反発されると見ることもできますね。その結果、ソースから供給された電子がドレイン側に移動できるようになり ON の状態になるのですね。

雅人　そして、電圧を切れば、ふたたび OFF の状態に戻る。電圧の ON/OFF でスイッチングができるので、かなり高速で切り替えが可能となる。これが、FET がコンピュータの 1 と 0 つまり ON/FF に利用される理由だ。ちなみに、NPN 構造の FET は N 型

FET と呼ばれている。

結美子 PNP 構造は P 型 FET となるのですね。ただし、この場合は、正孔が移動するのですね。

和昌 でも、前に学習したように、正孔の移動と言っても、実際に移動するのは電子でした。

雅人 その通り。それから、コンピュータのトランジスタに MOSFET が使われる理由にはもうひとつある。それは、集積化が簡単という理由だ。バイポーラ型では、NPN あるいは PNP の 3 種の半導体の積層が必要となる。これが、結構面倒なんだ。一方、MOSFET では、P 型を基板として、平面上に並んだ NN の上に絶縁層とゲート電極を設ける構造なので、集積するのが簡単なんだ。これがコンピュータに採用される大きな理由となっている。

しのぶ なるほど、Si 基板の上に、少し工夫を加えるだけで FET が機能するのですね。

雅人 その通り。ちなみに、MOSFET の回路図記号は図 2-22 のようになる。

和昌 ゲートに対向した点線の部分が、ゲートに電圧を加えると、つながって迂回路ができるという構造ですね。

雅人 その通りだ。

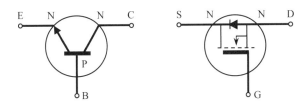

図 2-22 N 型 MOSFET の回路図：ゲート側端子では絶縁されており、電流が流れないことがわかる。

結美子 ところで、1 個のトランジスタでは 1 ビットにしか対応できません。とすると、8 ビットでは、8 個のトランジスタが必要になるのですね。

雅人 そういう計算になる。

信雄 とすれば、32 ビットでは、約 40 億個のトランジスタが必要ということになりますね。ちょっと想像がつかないのですが。

雅人 実際のコンピュータには、このようにとてつもない数のトランジスタが集積されているんだ。そのために、基板にちょっとした工夫で動作する MOSFET が重宝されることになる。

2.7. メモリ

和昌 コンピュータがこれだけ進展すると、**メモリ** (memory) のことが話題になりますね。コンピュータの性能と言えば、記憶装置の容量が引き合いに出されます。

しのぶ メモリの進展はものすごいと思います。わたしが購入した電子辞書では、なんと 300 冊以上の分厚い辞書のデータが入っています。

結美子 最初の頃は、英語の辞書が入っているものを買っていましたが、いまでは、英和、和英、英英、国語辞典だけでなく、広辞苑や百科事典まで入っていますよね。その進歩はすごいと思います。

雅人 だからこそ、メモリの市場は毎年成長しているんだ。いまは年間 20 兆円とも言われている。

信雄 それは、すごい市場ですね。ところで、どのような機構でコンピュータは記録しているのでしょうか。

雅人 ひとくちにメモリと言っても、いろいろな種類がある。もちろん、コンピュータを動かすためには、いろいろな記憶装置が必要になる。たとえば、ROM と RAM、さらに外付けの記憶装置などもあるね。

しのぶ ROM は "read only memory" で、日本語に訳せば「読み取り専用メモリ」ですね。パソコンの基本プログラムが収納されています。電子辞書なども ROM ですね。

和昌 RAM は "random access memory" の頭韻で「アクセス可能なメモリ」つまり、「書き換えのできるメモリ」という意味です。パソコンを作業するときに必要なデータを一時書き込む場所で

72

第 2 章　ハードウェア

す。ROM はパソコンの書棚で、RAM は作業机にたとえられます。

雅人　その通りだ。以前に紹介した、8 ビットのデータを紙リールに穿孔したものも一種のメモリとみなせるが、書き換えはできないから ROM のカテゴリに入る。

信雄　紙ではデータ量の増加には限界がありますね。

雅人　ところで、紙リールでは孔があるかないかで 1, 0 に対応させていたね。結局のところ、コンピュータのメモリとは、この 1, 0 をどのように表現するかの問題なんだ。

結美子　それは、わかります。ただし、それを高密度で記録できなければ意味がないということですね。

雅人　その通り。そして、そのためには、磁気と電気を使うのが一般的なんだ。ところで、みんなはカセットテープのことは知っているね。録音や、映画などの録画にも使われていた。

和昌　もちろん、知っています。最近まで使われていましたからね。あれは、確か磁気テープでしたね。

2.7.1.　磁気記録

雅人　そうなんだ。磁性を利用した記録装置となる。磁場には N 極と S 極があるが、実は、これら 2 極は分離できないことが知られている[6]。

---

[6] 理論物理の世界では、N 極あるいは S 極が単独に存在する単極子 (monopole) モノポールの存在が予言されている。

しのぶ NとSの2極からなる磁石をどんなに小さな磁石に分解しても、それは、必ずNとSの2極ある磁石にしかならないと習いました。

雅人 そこで、磁気記録の世界では、NSとSNという2種類の磁石を1と0に割り当てているんだ。

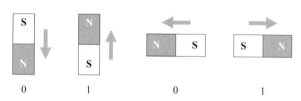

図 2-23 磁気記録では、磁石の向きの違いを、それぞれ 1, 0 に対応させる。図の配置は、それぞれ垂直磁気記録、水平磁気記録と呼ばれている。

しのぶ なるほど、このとき、図 2-23 のように、たて方向に磁石を並べる場合と横方向に並べる場合があるのですね。

雅人 それぞれ**垂直磁気記録** (perpendicular magnetic recording) と**水平磁気記録** (longitudinal magnetic recording) と呼ばれている。かつてカセットに使われていた磁気テープでは、水平磁気記録が使われていた。テープの構造としては、図 2-24 のようになっている。

しのぶ なるほど、磁性膜の部分を異なる方向に磁化することで、1と0のデジタル信号を得ていたのですね。

第 2 章　ハードウェア

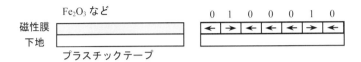

図 2-24　カセットテープの構造。プラスチックできた基板テープ上に磁性膜が塗布されている。磁性膜が磁化されると、その向きによって 1, 0 の信号を読み出すことができる。

雅人　そして、データの書き込みと、読み出しには、コイルを付した磁気ヘッドが用いられていたんだ。

信雄　なるほど、コイルに電流を流せば磁場が発生しますね。それを利用したのですね。

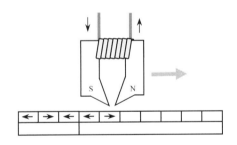

図 2-25　リング型磁気ヘッドにコイルを巻き、書き込む際には、コイルに電流を流してリングヘッドに強い磁場を発生させ記録する。コイルに流す電流を反転させれば、逆向きの磁場を記録することができる。

雅人　その通りだ。図 2-25 のようにコイルに流す電流を制御しながら、リングヘッドを磁気テープ上を走査していけば、磁化

としてデータを記録することができる。

しのぶ　なるほど、簡単ですね。

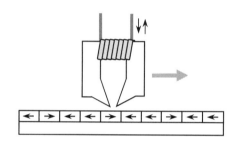

図 2-26　磁気データが磁化として記録された磁気テープ上を、磁気リングヘッドを走査すると、電磁誘導により磁化に対応した方向の電流がコイルに流れる。この電流方向によって、1, 0の信号を取り出すことができる。

雅人　一方、図 2-26 のように磁気情報が記録された磁気テープ上を磁気ヘッドを走査すれば、電磁誘導によって、磁化に応じた電流が流れるので、今度は、電流の向きによって 1, 0 のデータを取り出すことができるんだ。

和昌　この方法は、実に簡単ですね。さらに、磁気メモリとしての汎用性もあります。

雅人　ただし、音声を録音していた初期のカセットテープは、デジタルではなく、音の高さや強弱を磁化の大きさや方向を変えて記録していて、実際にはアナログだったんだ。

第 2 章　ハードウェア

結美子　そうだったんですか。

信雄　もちろん、この方式は、アナログだけではなく、1 と 0 の
デジタル記録にも対応可能ですよね。

雅人　もちろん。初期の頃は、テープレコーダーを使って、実
際にカセットテープでプログラムの記録もしていた。実は、わ
たしが学生の頃に購入したシャープの MZ というコンピュータで
は、カセットテープが標準メモリとして使われていたんだ。

和昌　いまでは、想像もつきませんね。

2. 7. 2.　フロッピーディスク
雅人　ただし、カセットテープでは、プログラムが大きくなれ
ばテープを長くしないといけないし、読み取りにも時間がかか
っていた。それで登場したのが、**フロッピーディスク** (floppy
disk: FD) なんだ。

しのぶ　フロッピーというのは、「柔らかい」という英語の
"floppy" から付けられたと聞きました。

雅人　その通り。最初の FD は 8 インチ、つまり、約 20cm 程度
の直径の円板だったんだが、実際に柔らかくて、くねくねして
いたね。これは、円板上のプラスチック基板に磁性体を塗布し
たものだ。

結美子　テープが円板に変わったということですね。レコード

77

のようなものなのでしょうか。

雅人　まさにそうだね。だから、書き込みも読み出しも円板を回転させながら行っていたんだ。これならばカセットテープと違ってコンパクトになる。

信雄　そうは言っても、20 [cm] という直径は、いまから考えると大きいですね。容量はどの程度だったのでしょうか。

雅人　だいたい 200 [kB] から 1.4 [MB] 程度だったんだ。いまなら容量が小さいと感じるかもしれないが、当時としては画期的な技術だったんだ。

和昌　磁性体に記憶させる原理は同じなのでしょうか。

雅人　そうだね。原理的には、図 2-24, 25 と変わらない。記憶させる磁性体がテープ上に載っているか、円板上に載っているのかの違いだ。

しのぶ　なるほど。わたしが知っている FD は、もっと小さくて硬かったです。

雅人　それは、3.5 インチのものだね。実は、8 インチの FD は1980 年代後半まで使われていたんだ。そのつぎが 5.25 インチ、つまり約 13 [cm] のものだ。ここまでは、くねくねしていて、まさにフロッピーな円板だった。みんなが知っている 3.5 インチからは、プラスチック製の硬いケースに収められるようになった。

78

第 2 章　ハードウェア

さらに、磁性面を接触から守るために、金属製のスライドカバーも付けられるようになったんだ。

信雄　記憶容量も大きくなったのでしょうか。

雅人　いや、最初のものは 400 [kB] 程度だ。しかし、小さくてコンパクトなことが受けたんだ。実は、1984 年に Apple が、あの有名な Macintosh に搭載したのが最初だったんだが、あっという間に広まった。容量も最後は 2.88 [MB] の大きなものまで登場した。

結美子　FD は、いまは、記憶媒体として、ほとんど見かけませんが、どうしたのでしょう。そう言えば、研究室の棚に先輩たちの残したデータが FD に収納されていましたね。

2.7.3.　光磁気ディスク

雅人　それは、信頼性と容量の問題だね。記憶容量を上げるためには、記憶領域の密度を上げる必要がある。さらに、信頼性も高めるとしたら、ナノテクノロジーが必要になる。そこで、登場したのが、**光磁気ディスク** (magneto-optical disk: MO) だ。一般には MO ディスクと呼ばれている。

しのぶ　MO ディスクならば聞いたことがありますが、あまり普及しませんでしたね。

雅人　そうなんだ。FD よりも大容量をうたっていたのだが、それほど普及しなかったよね。

79

和昌 どのような原理で大容量化が図られたのでしょうか。

雅人 それは、二つの要因がある。まず、図 2-25 の方法で磁性膜を磁化するときに、図 2-27 のように、必ず磁場の拡がりが生じるんだ。このため、1, 0 のひとつの単位を狭くすることには限界がある。

しのぶ 磁力線は互いに反発するので、自由空間では拡がる性質があると聞きました。だから、極の大きさを絞っても、その間では磁場は拡がるのですね。

雅人 まさに、その通り。物理の基本だからどうしようもない。

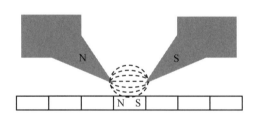

図 2-27 磁気ヘッドの先端で発生する磁場は拡がる。このため、磁化を記録する領域の微細化は限界がある。

結美子 それでは、磁化されている単位の大きさを小さくするのは難しいのですね。

雅人 そこで、登場するのが**レーザー光** (laser light) だ。この光は、拡がりを絞ることができる。そして、絞ったレーザー光を磁性

第 2 章　ハードウェア

膜に照射するんだ。

和昌　それで、なにが起こるのでしょうか。

雅人　レーザーが照射された微小領域が局所的に加熱される。すると、磁性体の**キュリー点** (curie point) よりも温度が上昇する。キュリー点以上の温度になると、その部分は強磁性ではなくなるんだ。そして、その領域が冷えるときに、まわりの磁場の影響で、逆方向に磁化される。つまり、もとの生地が 1 とすれば、0 のところだけ照射すればよいことになる。

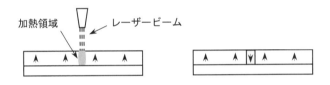

図 2-28　均一方向に磁化された磁性膜にレーザーを照射すると、磁化が反転し、微小領域に磁気記録することが可能となる。

結美子　なるほど、レーザー加熱した領域がデジタル信号の最小単位になるのですね。そして、その密度は磁化の場合よりもはるかに小さい。だから、記憶容量を上げることができるのですね。

雅人　その通り。

信雄　容量は、どの程度増えたのでしょうか。

81

雅人 最初は、128 [MB] 程度だったかな。それでも衝撃的だったんだ。それが、256 [MB], 640 [MB] と増えていって、最後は、2.3 [GB] となった。

しのぶ それは、FD に比べればすごい容量アップですね。でも、いまはほとんどみないですね。

雅人 そうだね。2000 年以降は、市場から消えてしまった。それは、CD や DVD が登場したからなんだ。さらに、USB 端子で使えるフラッシュメモリの登場も大きかったね。

2.7.4. 光ディスク

和昌 CD (compact disk) はコンピュータのメモリというよりは、レコードの代替としてのミュージック CD 販売がメインでしたよね。

雅人 その通りだ。レコードは溝に音楽情報が入って、レコード針でその上をなぞると音を再現するという仕組みだ。溝にある凹凸が音を再現してくれる。一度、型をつくれば、それに流し込むことで、いくらでも同じレコードを製造できる。

信雄 CD の原理もレコードに似ているのでしょうか。

雅人 そうだね。ただし、こちらの凹凸は 1 と 0 の 2 種類で、デジタルデータとして音を記録していた。図 2-29 に模式図を示している。

第 2 章　ハードウェア

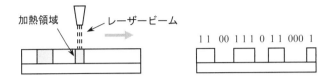

図 2-29 CD の表面にレーザー光線を当てたのち、表面をエッチングすることで 1, 0 に対応した凹凸を形成する。

和昌　なるほど、この図でいけば 0 に対応した領域にレーザー光線を当てて、その後、エッチングで取り除けば、1, 0 に対応した凹凸ができますね。

雅人　ただし、実際には、これは**型** (mold) になる。販売用の CD は、この型にプラスチックを流し込んで製品化している。型さえあれば、いくらでも製造が可能となる。

結美子　なるほど、そこはレコードと同じですね。信号を読み込むときには、どうするのでしょうか。

雅人　それにも、レーザー光を利用する。CD の表面に光をあてれば凹凸に対応した 0, 1 のデジタル信号を取り出すことができて、音楽などを再生できる。だから、光ディスクと呼んでいるんだ。いままでのような磁性を利用していないのが特長だ。

しのぶ　なるほど。確かに、基本はレコードと同じ原理ですね。レコード針がレーザー光に変わったようなものです。

信雄 とすれば、CD は読取り専用の、つまり ROM (read only memory) の機能しかないということになりますすね。

雅人 基本的には、そうなるね。これを CD-ROM と呼ぶこともある。ただし、書き込み可能な CD も売り出されたことがある。記録可能という英語の recordable にちなんで、CD-R と呼ばれている。

結美子 いったい、どうやって書き込み可能としているのでしょうか。

雅人 特殊な素材を使って、レーザー光が当たれば膨張するようにしているんだ。すると、凹凸をつくることができる。

和昌 それでは、一度記録したデータを消すことはできませんね。

雅人 その通りなんだ。光ディスク上の凹凸は消せないから、データそのものを消すことはできない。そこで、消したい情報は、読み込みができないように設定しているだけなんだ。さらに、CD-R には、凹凸のない未使用の面があるので、新しいデータは、そこに書き込んでいくんだ。

信雄 とすると、円板のすべての面を書き込み用に使ったら、それ以上は情報を記録できないということですね。

雅人 その通りだ。

第 2 章　ハードウェア

しのぶ　ところで、CD の仲間に DVD がありますね。CD よりも容量が大きいので、CD は音楽、DVD は動画などの ビデオ録画ができるという印象でした。

結美子　確か、DVD は "digital video disk" の略ではなかったでしょうか。V は "video" つまりビデオのことかと思います。

雅人　そう誤解しているひとも多いね。実際には、DVD は "digital versatile disk" の略なんだ。"versatile" とは聞きなれない単語かもしれないが、「多目的用」という意味になる。

しのぶ　それは知りませんでした。それでも、基本は CD と同じ光ディスクで容量が大きくなっただけなのではないでしょうか。

雅人　まさに、その通りなんだ。CD の容量は 700 [MB] 程度だが、DVD の容量は 4.7[GB] となっている。そのおかげで映画を記録することができる。結美子さんが V を "video" と誤解しているのも無理はない。

信雄　容量が大きいということは、書き込みの際のレーザービームを絞りこんでいるということですか。

雅人　まさに、その通り。レーザー波長を 760 [nm] から 650 [nm] まで絞っている。その結果、書き込みできるトラック間の距離が 1.6[μm] から 0.74 [μm] まで小さくなるんだ。

和昌　とすれば、CD-R と同じように、DVD-R もあるのですね。

85

原理は、CD-R と同じように、まだデータのない未使用面に、レーザー光線でデータを書き込んでいく方式でしょうか。

雅人 そうだね。そして、さらに容量の大きい Blu-ray disk も CD や DVD の仲間だ。一般のひとはブルーレイと呼んでいるね。

結美子 そうなんですか。なぜ、ブルーレイと呼ぶのでしょうか。青い光ですよね。

雅人 CD や DVD に使われているのは赤色レーザーだが、Blu-ray に使われているのは青紫色のレーザーで、波長は 405 [nm] とさらに短い。そして、書き込み可能なトラック間の距離は、0.32 [μm] まで狭くできる。それだけ、何重にもわたってデータを書き込めることになる。その結果、メモリサイズは 25 [GB] まで増えるんだ。

しのぶ それは、すごいですね。あらためて、ブルーレイの威力を知りました。でも、CD も DVD も Blu-ray もすべて光ディスクで、レーザービームがどれだけ絞れるかで容量が違うということなのですね。

雅人 まさに、その通りだ。

2.7.5. ハードディスク

結美子 ところで、ハードディスクは PC の内臓メモリとして使われていますし、いまでは、当たり前のように、外付けハードディスクが販売されていますが、その原理はどのようなものな

第 2 章　ハードウェア

のでしょうか。

雅人　ハードディスクは HDD とも呼ばれるね。"hard disk drive" の略だ。そして、磁性を利用した記憶装置なので、その書き込みと読み出しの原理は、図 2-25 や図 2-26 と同じになる。

信雄　それでは、図 2-27 のような磁場の拡がりの問題は避けられないので、容量を大きくするのは、難しいのではないでしょうか。

雅人　そうだね。だから、HDD では、磁気ヘッドと磁気ディスクの間の距離を極限まで小さくしているんだ。面間距離が小さければ、磁場の拡がりを抑えることが可能となる。その結果、書き込めるトラック幅が小さくなり、容量が大きくなる。

しのぶ　どの程度なのでしょうか。

雅人　10 [nm] (10^{-9}m) 以下と言われている[7]。10 万分の 1mm 以下の大きさだ。ウィルスよりも小さい隙間だ。

結美子　想像もつきませんが、そんな小さい隙間をどうやってコントロールできているのでしょうか。

雅人　もちろん、こんな小さな距離を制御することは難しい。実際には、磁気ディスクを高速で回転させ、空気力学、すなわ

---

[7] nm は nanometer （ナノメートル）のことで、nano は 10^{-9} の接頭辞である。

87

ち空気が隙間に入る効果を利用して距離を保っているんだ。さらに、回転速度は 5000 から 10000 [rpm] 程度だ。rpm は "revolutions per minute" の略で、1 分間の回転数だ。ディスクの外周でみれば、時速 100 から 200 [km] と言われている。これだけ大きな回転速度なので、読み込みも速い。

和昌 なるほど、回転数が大きいほど、プログラムの立ち上がりも速くなるのですね。最初の待ち時間はいらいらしますからね。しかし、あの小さな HDD の容器の中で、円板がものすごいスピードで回転しているのは驚きです。

雅人 さらに容量を上げるために、図 2-30 に示すように、4 枚の磁気ディスクと 8 個の磁気ヘッドを使っている。しかも、ディスクの両面に情報が記録されているんだ。

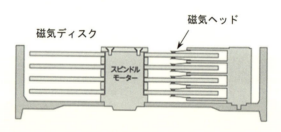

図 2-30 ハードディスク (HDD) 内部の構造

信雄 外からは見えませんが、内部はこうなっているのですね。そう言えば、HDD を起動したときに音が聞こえるのは、ディスクの回転音なのですね。

第 2 章　ハードウェア

雅人　回転に使うのは**スピンドルモータ** (spindle motor) と呼ばれて、高速回転用のモータなんだ。工作機械に使われていたのを HDD に応用しているんだ。

結美子　そう言えば、最近 HDD ではなく SSD が脚光を浴びていますね。

雅人　SSD とは "solid state drive" の略で、**フラッシュメモリ** (flash memory) を使った記憶装置のことなんだ。HDD と違って回転しないので音も出ない。動作も速いので、いま、かなりの注目を集めている。

2.7.6. フラッシュメモリ

しのぶ　フラッシュメモリとは USB (universal serial bus) メモリのことでしょうか[8]。

USB マーク

雅人　そうだね。USB 端子に差し込むことで動作するので、そう呼ばれている。その手軽さと容量の大きさから、いまでは、かなり浸透しているよね。

和昌　そのメモリ機構はどうなっているのでしょうか。

---

[8] USB はパソコンと周辺機器を結ぶインターフェース規格のひとつである。キーボード、マウス、モデムなどの接続に用いられる。1990 年代後半から、シリアルポートに替わって広く普及するようになった。

雅人 フラッシュメモリでは、磁性ではなく、電荷つまり電子のあるなしを利用しているんだ。だから一瞬にしてメモリを消すことができる。このため、"flash" という名がついている。フラッシュカメラと同じ語源だね。

信雄 電子があるかないかで 1 と 0 を表現しているのですね。それは、コンデンサのようなものなのでしょうか。

雅人 コンデンサとは少し違うんだ。前に MOSFET を紹介したね。このトランジスタでは、ベースのところがゲートになっていたね。

結美子 はい、絶縁されているのでしたね。これをうまく利用してスイッチングに利用しているのでしたね。

雅人 フラッシュメモリでは、この絶縁層を通して電子がシリコン基板からゲートに移動して、ゲートに電子が貯まることができる。これがオン状態となり、1 とすることができる。

しのぶ 絶縁層を通して、電子が基板からゲートに移動できるのですか。

雅人 これをトンネル効果と呼んでいるが、実際には、20 [V] の電圧をかけるので、薄い絶縁層であれば、電子が、それを飛び越えるんだ。静電気も、本来は絶縁層である空気を通って飛んでくるよね。

第2章 ハードウェア

和昌 冬にドアを開けようとしたときバチっと来る電気ですね。

雅人 まあ、絶縁層も薄いし、ごく微小な世界の現象なので、雷ほど激しいものではないが、イメージとしては、それでいいと思うよ。図2-31にフラッシュメモリにおける1と0のイメージを示している。

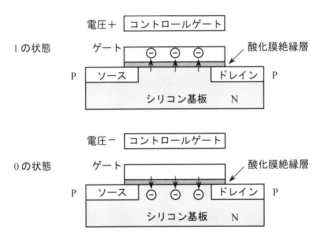

図2-31 フラッシュメモリにおける1と0の状態

信雄 ゲートの電荷を消すためには、逆方向に電圧をかければよいのですね。

雅人 その通り。だから、電圧の切り替えだけで1, 0を操れる。ちなみに、ゲートは**フローティングゲート** (floating gate) と正式には呼ばれている。まさに、絶縁層を介して、浮いているようなイメージだね。

結美子　フラッシュメモリの利点は何なのでしょうか。

雅人　電気的な信号で制御できるので、応答が速いんだ。しかも、電気的なメモリの場合、電源を切ればメモリも消えるが、フラッシュメモリでは、電源を切っても電荷は消えないので、不揮発性メモリとなる。

信雄　なるほど。それが利点なのですね。

雅人　さらに、フラッシュメモリは電気的に制御できるので、磁気メモリの HDD よりも電気回路と親和性が良いんだ。いまの電気回路はトランジスタなどが集積したものとなっている。フラッシュメモリは、集積回路と同様につくりこむことができる。しかも HDD では、メモリを読み込むためには高速回転が必要だったが、フラッシュメモリでは必要がない。それが SSD だ。このため、PC に搭載されていた HDD を SSD に変える動きもある。

しのぶ　それでは、すべて SSD に移行するのでしょうか。

雅人　いや、そんなことはない。メモリには、それぞれ利点もあれば欠点もある。逆に多様性があるからこそ、今後の進展も望めるんだ。たとえば、いまの HDD では空気が入っているが、これを**ヘリウム** (helium: He) 封入型にする試みがある。空気抵抗が激減して、より高速でディスクを回転できるようになる。

結美子　なるほど。メモリの世界は奥が深いですね。

雅人　その通りと思うよ。それでは、つぎに、コンピュータが、

第 2 章　ハードウェア

どのようにして、複雑な計算をしているのかを見ていきたいと
思う。

第3章　論理回路

雅人　それでは、つぎに、コンピュータが、どのようにして複雑な計算をしているのかを見ていきたいと思う。

しのぶ　それに関しては、わたしも疑問に思っていました。なぜなら、コンピュータは1と0しかない世界です。それで、いったいどうやって複雑な計算を実行できるのか、とても不思議でした。

信雄　足し算ならまだしも、掛け算や割り算をどのように計算しているのかが不明です。

雅人　実は、コンピュータは引き算や掛け算や割り算も、すべて足し算を利用することによって計算しているんだ。

和昌　そんなことができるのですか。とても不思議です。常識ではありえないですよね。

雅人　そこが、面白いところなのだが、その説明の前に、2進法の計算に必要な基本的演算回路として、AND と OR と NOT の3

第 3 章　論理回路

個の回路を紹介したいと思う。これらの組合せによってコンピュータは、あらゆる計算を実行することができるんだ。

結美子　基本は習ったことがありますが、あまり理解できませんでした。

3.1. AND回路

雅人　それでは、どんな回路かを、いまから復習していこう。まず、AND回路というのは、2つの回路の入口から同時に電流が入ったときだけ、回路の出口から電流が出て行く回路のことなんだ。つまり掛け算に相当する。記号で書けば図 3-1 のようになる。

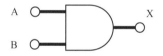

図 3-1　AND回路記号：$X = A \cdot B$ に対応している。

信雄　コンピュータは、1 と 0 しか認識しないのですから、A, B は1か0ですよね。

雅人　実際の回路では、電流が流れているときを 1、電流が流れていないときを 0 に対応させればよいんだ。

しのぶ　とすれば、AND回路の演算をまとめると表3-1のように

なりますね。

表 3-1 AND回路の演算

A	B	X
0	0	0
1	0	0
0	1	0
1	1	1

雅人 その通りだね。このように、A, Bという2個の入口から電流が入ったときのみ、出口Xから電流が出る。つまり掛け算と同じなんだ。

$$0×0 = 0,\ 1×0 = 0,\ 0×1 = 0,\ 1×1 = 1$$

となっている。

このAND回路は、リレーを使えば、簡単に実現できる。

結美子 リレーというのは、図3-2に示すように、電磁石（コイル）を使って、スイッチを開閉するものでしたね。

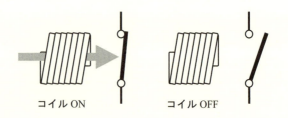

図 3-2 リレーの原理図。電磁石（リレーコイル）に電流を流すと、スイッチが吸引され、リレー回路がONになる。

第 3 章　論理回路

雅人　リレーを利用して AND 回路をつくると図 3-3 のようになる。

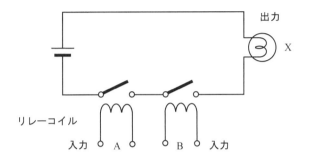

図 3-3　リレーを利用した AND 回路

結美子　確かにこれならば、A, B に電流が流れたときだけ、X に電流が流れるので、AND 回路になっています。つぎは OR 回路ですね。

3.2. OR 回路

雅人　OR 回路というのは、A, B という 2 個の入口どちらか 1 つでも電流が入れば、出口 X から電流が出る回路なんだ。記号は図 3-4 のようになる。

図 3-4　OR 回路記号：$X = A + B$ に対応している。

和昌 OR 回路の演算結果をまとめると表 3-2 のようになりますね。

表 3-2 OR 回路の演算

A	B	X
0	0	0
1	0	1
0	1	1
1	1	1

雅人 その通り。この演算は、X = A + B となっていることがわかるね。

信雄 なるほど、これは足し算に相当しますね。

雅人 そして、リレーを使って OR 回路をつくると図 3-5 のようになる。

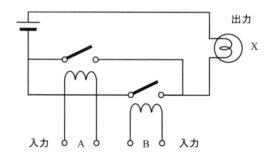

図 3-5 リレーによる OR 回路

第3章 論理回路

信雄 最後は NOT 回路ですね。

3.3. NOT 回路

雅人 この回路は、反転器とも呼ばれているもので、入口に電流が入ってくるとき、出口から電流が出なくなり、入口から電流が入ってこないとき、出口から電流が出るというへそ曲がりの回路なんだ。

和昌 それで、NOT という名前がついているのですね。

雅人 そうなんだ。ちなみに、記号は図 3-6 のようになる。

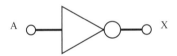

図 3-6 NOT 回路記号： $X = \overline{A}$ （ただし $\overline{A}$ は A の否定）

しのぶ NOT 回路の演算は表 3-3 のようになりますね。

表 3-3　NOT 回路の演算結果

A	X
0	1
1	0

雅人 リレーを使って、この回路をつくるのは実に簡単だ。つまり、コイルに電流が流れたときに、スイッチが開放されるよ

うにすればよいんだ。その原理を図 3-7 に示している。

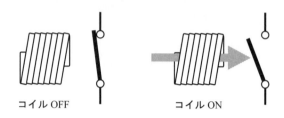

図 3-7　リレーコイルに電流が流れたときに開放されるスイッチ

結美子　なるほど、これならば、確かにコイルに電流が流れたときにスイッチが OFF になりますね。

雅人　このスイッチを利用すれば、NOT 回路を簡単につくることができる。図 3-8 にその回路図を示している。

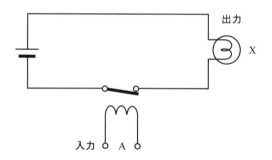

図 3-8　コイルに電流が流れると、スイッチが開放される。

しのぶ　なるほど、これならばスイッチが入った状態が始状態

第3章　論理回路

となりますね。そして、Aのコイルに電流を流すと、スイッチが開放されて回路に電流が流れなくなります。

雅人　論理回路の基本は以上だが、実は、よく使われる回路にNAND回路というものがある。

結美子　AND回路と関係があるのでしょうか。

雅人　実は、AND回路とNOT回路を組み合わせたものがNAND回路となる。記号で描けば、図3-9のようになる。

図3-9　NAND回路の構成。AND回路とNOT回路を組合せた回路。

和昌　なるほど、NAND回路というのは、基本的な論理回路であるAND回路とNOT回路を組合せたものなのですね。

雅人　まさに、その通りなんだが、NAND回路もよく登場するので、記号化されている。それが図3-10だ。

信雄　なるほど、AND回路の頭に○をつけているのですね。これなら簡単です。この場合の演算結果は、表3-4のようになりますね。ちょうど、AND回路とは逆の結果になります。

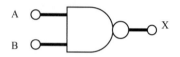

図 3-10 NAND回路の記号

表 3-4 AND回路（左）とNAND回路（右）の演算結果

A	B	X
0	0	0
1	0	0
0	1	0
1	1	1

A	B	X
0	0	1
1	0	1
0	1	1
1	1	0

雅人 ところで、リレーを使った論理回路は簡単につくれるが、コンピュータに組み込むのは、場所をとるので適していない。そこで、ダイオードやトランジスタを使った論理回路がつくられている。それを紹介しよう。

3.4. ダイオードによるAND回路

雅人 電圧を入力ならびに出力とすれば、図 3-11 のようなAND回路をつくることができる。

結美子 ダイオードが2個入っていますね。R は電気抵抗ですね。それでは、A端子に電圧 V を与えた場合を考えてみます。すると図 3-12 のような配置になります。

第 3 章　論理回路

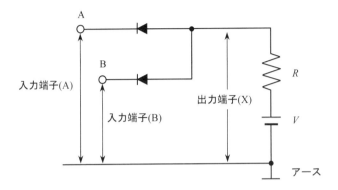

図 3-11　AND 回路: 端子 A, B, X の電圧 V の有無を 1 と 0 に対応させる。

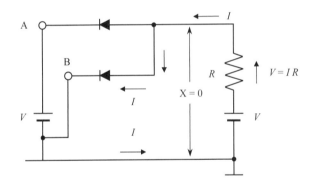

図 3-12　端子 A に電圧 V を与えた場合

しのぶ　このとき電流が流れるのは、端子 B の経路だけですね。この時、電圧は電気抵抗 R の箇所で $V = IR$ だけ電圧降下するので、出力端子 X では、0 [V] となります。

信雄 端子 A と B に電圧を加えないときは、端子 A と B にそれぞれ (1/2) I の電流が流れますが、このときも X = 0 [V] となります。

結美子 端子 B だけに電圧 V を加えたときも同様にして X = 0 [V] ですね。つまり、表 3-5 のようになります。

表 3-5　AND 回路の入力 (A, B) と出力電圧 (X)

A	B	X
0	0	0
V	0	0
0	V	0

和昌 最後は、A, B 両端子に電圧 V を加えた場合ですね。この場合は、図 3-13 のようになりますね。

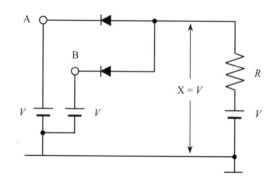

図 3-13　入力端子 A, B に電圧 V を与えた場合

しのぶ この場合は、回路に電流は流れませんね。ただし、出力端子の電位差は $2V - V$ から X = V となります。すると、この場

第3章　論理回路

合の入力と出力の関係は表 3-6 のようになります。

表 3-6　図 3-13 の回路の入力 (A, B) と出力電圧 (X)

A	B	X
V	V	V

信雄　まとめると、図 3-13 の回路は、電圧の入力と出力でみれば、まさに AND 回路に対応しているのですね。

3.5. ダイオードによる OR 回路

雅人　いま、まさにみんなが解析してくれた通りだ。つぎに、OR 回路は、図 3-14 のようになる。

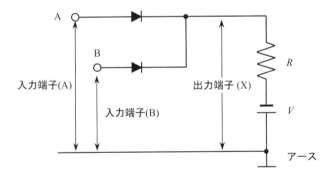

図 3-14　OR 回路：端子 A, B, X の電圧 V の有無を 1 と 0 に対応させる。

和昌　この OR 回路は、AND 回路によく似ていますが、ダイオー

ドと電源の電圧の向きが逆となっていますね。

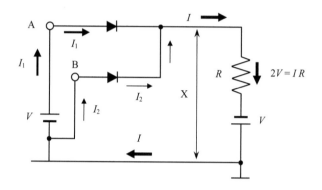

図 3-15 OR 回路において、端子 A に電圧 V を与えた場合

雅人 この回路でも、いまみんなが解析してくれたように順序だてて考えれば、OR 回路の特性が得られることが確認できる。

信雄 それでは、AND 回路と異なるケースとして、端子 A に電圧 V を加えた場合を考えてみます。回路としては、図 3-15 となります。ここで、電源は 2 個ありますね。それぞれが同じ向きを向いていますので、電流は図のように時計方向に回ります。

結美子 これではわかりにくいので等価回路を描くと図 3-16 のようになります。

第 3 章　論理回路

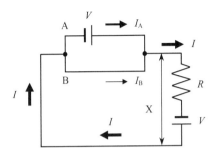

図 3-16　図 3-15 と等価な回路。ダイオードは順方向に対しては抵抗がないものとして表示している。

信雄　とすると
$$2V = IR, \quad 2V = I_A R, \quad I = I_A + I_B$$
という関係が得られますね。これを見れば、$I = I_A$ となり端子 B にはほとんど電流が流れません。

結美子　この場合は $A = V, B = 0, X = V$ となって、確かに OR 回路の働きをします。$A = 0, B = V$ のときも同様だから、表 3-7 のようになります。

表 3-7　図 3-16 の回路の入力 (A, B) と出力電圧 (X)

A	B	X
V	0	V
0	V	V

3.6. トランジスタを使った NOT 回路

雅人 これで、OR 回路もできたね。最後は、NOT 回路ができればよいのだね。この回路は、トランジスタを使う必要があり、図 3-17 のようになる。

信雄 自分が考えてみます。まず入力が 0 としますと、回路に電流は流れませんから、$V_{CE} = V$ となりますね。つまり、NOT 回路を満足しています。すると、電圧 V を入力したときに、どうなるかですね。

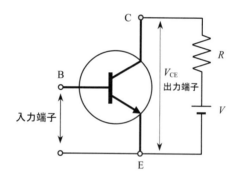

図 3-17 トランジスタを利用した NOT 回路

雅人 その場合が図 3-18 となる。この場合は、ベース (B) エミッタ (E) 間に電流が流れ、BE 間に電圧 V が発生する。すると結局、出力となる CE 間の電圧 $V_{CE} = V - V = 0$ となって、出力は 0 となる。

第3章 論理回路

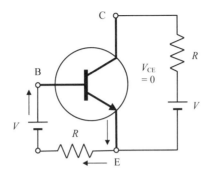

図 3-18 入力端子に電圧 V を印加すると、BE 間に電圧 V が生じ $V_{CE} = V - V = 0$ となって、出力は 0 となる。

しのぶ すると、入力と出力電圧の対応表は表 3-8 のようになり、確かに NOT 回路の機能を有することがわかります。

表 3-8 図 3-18 の回路の入力と出力結果

入力	出力
0	V
V	0

3.7. 論理回路による計算

雅人 それでは、論理回路を使って、どのように計算していくかを説明しよう。まず、2 進数の足し算を復習すると

```
   110
+  011
------
  1001
```

109

のようになるのだったね。

しのぶ　ここで、ある桁に着目しますと

$$0 + 0 = 0, 1 + 0 = 1, 0 + 1 = 1, 1 + 1 = 10$$

の 4 パターンとなります。

雅人　そうなんだ。ここで、気をつけるのは、最後の 1 + 1 の場合だ。同じ桁で計算が収まらずに桁上がりが生じる。これを、どう扱うがコンピュータでは、問題となる。

結美子　なるほど、他の計算は同じ桁で閉じていますが、最後だけ同じ桁では 0 となって、桁上がりが生じるということですね。

雅人　そうなんだ。そこで、2 進数の足し算に対応するために、つぎのような表をつくってみる。

表 3-9　加算のパターン

A	B	C	S	
0	0	0	0	0 + 0 = 00
1	0	0	1	1 + 0 = 01
0	1	0	1	0 + 1 = 01
1	1	1	0	1 + 1 = 10

和昌　これは、A + B に対応しているのですね。すると S が同じ桁となり、C がひとつ上の桁となるのですね。そうか右の 2 進数の計算にも対応しますね。

雅人 そうなんだ。そして、Sは "sum" つまり和に対応し、Cは「桁上がり」の英語である "carry" に対応している。

結美子 なるほど、この表の計算ができれば、ひとつの桁のすべての足し算に対応できますね。

3.7.1. 半加算器

雅人 問題は、どうやって論理回路の組み合わせで、表 3-9 に対応した計算をさせるかだ。この回路については、その計算をする回路も開発されていて、**半加算器** (half adder) と呼んでいる。

信雄 論理回路をうまく組み合わせると、この計算ができるのですね。

雅人 そうなんだ。実際には、AND回路、OR回路、そしてNOT回路を組み合わせて、図 3-19 のような回路をつくれば、半加算器としての機能を有することが知られている。

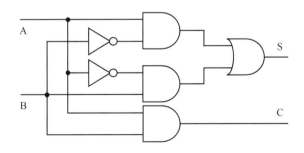

図 3-19　半加算器に対応した論理回路

しのぶ 具体的な計算は、AとBに1, 0を代入して、SとCの出力を見ればよいのですね。

雅人 そうだ。順に追っていけば間違えないはずだ。

結美子 それでは、桁上がりのあるA＝1, B＝1の場合を追ってみます。

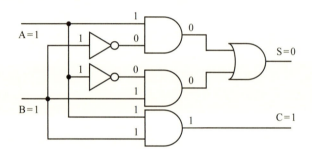

図 3-20　A＝1, B＝1を入力したときの出力：S＝0, C＝1となる。

和昌 図 3-20 の計算結果を見ると、A＝1, B＝1 の場合の半加算器の機能を満たしていますね。他の入力のA＝0, B＝0、A＝1, B＝0やA＝0, B＝1の場合も、すべて表3-9に対応することが確認できます。

雅人 これで、計算が桁上がりも含めて可能になったね。ただし、半加算器の回路をつくるためには、図 3-21 のように、AND, OR, NOT などの論理回路を複数組み合わせる必要があるが、結構、大変なんだ。そこで、登場するのが NAND 回路だ。

第 3 章　論理回路

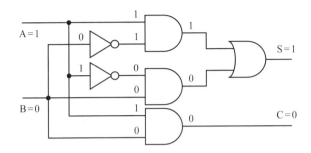

図 3-21　A = 1, B = 0 を入力したときの出力: S = 1, C = 0 となる。

3.7.2.　NAND 回路

信雄　NAND 回路は、どちらかというとマイナーな存在と思っていたのですが、そうではないのですね。

雅人　実は、NAND 回路を組み合わせれば、すべての論理回路をつくれることが知られているんだ。半加算器も図 3-22 のようにつくることができる。

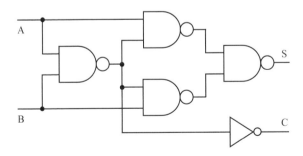

図 3-22　NAND 回路で構成した半加算器

113

和昌 それはすごいですね。実際に計算してみます。ここではA = 1, B = 1 を入力してみます。

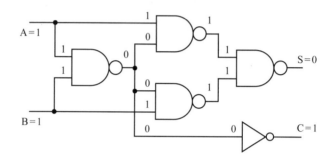

図 3-23　NAND回路による半加算器の計算結果

結美子 この結果を見ると、確かに半加算器の計算ができていますね。他の場合もすべて半加算器の結果が再現できます。面白いですね。

雅人 NAND回路は万能と言われている。実は、フラッシュメモリも NAND 回路でつくられ、NAND フラッシュメモリと呼ばれている。

しのぶ それは、すごいですね。

雅人 ただし、いちいち論理回路を組み合わせてつくるのは大変だよね。そこで、たとえば、図 3-24 に示すように半加算器に対応したパーケージが売られている。いわゆる**集積回路** (integrated circuit: IC) だ。

第 3 章 論理回路

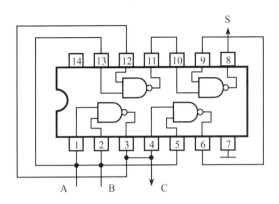

図 3-24 半加算器の機能を有する IC

信雄 この IC には 14 個のピンがついていますね。そして、ピン番号の 1, 2 が A, B の入力に対応し、8 番ピンが S、4 番ピンが C の出力となっているのですね。

雅人 ちなみに外観からは、ピン番号がわかりにくいので、間違いのないように、1 番ピンの横面に半円の切り欠きがついてある。こうすれば番号を間違うことがないんだ。14 番と 7 番ピンは、それぞれ 5 [V] の電源とアースとなっている。

3.7.3. 全加算器

しのぶ ところで、なぜ半加算器と呼ばれているのでしょうか。なにか中途半端ですね。

雅人 実は、半加算器だけでは 2 進数のすべての計算に対応できないんだ。半加算器では、ある桁の繰り上がりまでは計算でき

たね。しかし、実際の計算では、下の桁からの**繰り上がり** (C: carry) もある。そして、この C の値を引き継いで、A + B + C を計算できれば、すべての計算が可能となる。この計算ができる回路を**全加算器** (full adder) と呼んでいるんだ。

結美子 なるほど、半加算器は、つぎの計算のように桁の繰り上がり (C)

$$
\begin{array}{r}
1 \longleftarrow A \\
+\ 1 \longleftarrow B \\
\hline
C \longrightarrow 10 \longleftarrow S
\end{array}
$$

までは計算できますが、実際には、つぎの計算の 2 桁めのように、下桁からの繰り上がり (C: +1) も考えなければならないのですね。

さらに、この桁からの繰り上がり (C_l) もありますね。

雅人 その通り。そして、この操作ができれば、2 進数の足し算に、すべて対応できる。だから全加算器と呼ばれる。

信雄 ある桁において A = 0, B = 0 であったとして、下桁からの繰り上がりがあれば、その和 S は 0 ではなくなります。つまり、表 3-10 のような計算結果になります。

第 3 章　論理回路

表 3-10　全加算器の計算 （A = 0, B = 0 の場合）

A	B	C	S	C_1
0	0	0	0	0
0	0	1	1	0

しのぶ　つまり、入力として A, B, C が必要であり、さらに、その桁からの繰り上がりである C_1 も考える必要があるということですね。

　A = 1, B = 0 であった場合には表 3-11 のような結果になりますね。この場合、下からの繰り上がりがあれば、上の桁への繰り上がりが生じます。

表 3-11　全加算器の計算 （A = 1, B = 0 の場合）

A	B	C	S	C_1
1	0	0	0	0
1	0	1	0	1

結美子　ついでに、A = 1, B = 1 であった場合には表 3-12 のような結果になりますね。この場合、下からの繰り上がり (C) と、上の桁への繰り上がり (C_1) の両方が生じます。

表 3-12　全加算器の計算 （A = 1, B = 0 の場合）

A	B	C	S	C_1
1	1	0	0	1
1	1	1	1	1

しのぶ　あとは、全加算器の機能をもった論理回路を組めばよ

117

いのですね。

雅人 その通り。その回路もできている。まず、簡単化のために、半加算器をまとめて、つぎのように表示しよう。

図 3-25　半加算器の略図

和昌 HA は "half adder" の略で半加算器という意味ですね。さらに、A, B が入力、S が和、C が繰り上がりに対応しているのですね。

雅人 この略図を使うと、全加算器は図 3-26 のようになる。

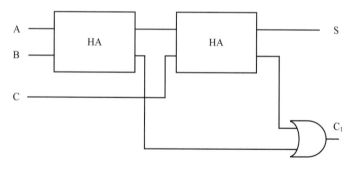

図 3-26　全加算器に対応した回路図

しのぶ では、実際に計算してみます。A = 1, B = 1, C = 1 を入力してみます。

118

第3章　論理回路

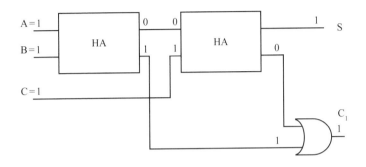

図 3-27　全加算器による計算（A = 1, B = 1, C = 1 の場合）

そうしますと、S = 1 と C_1 = 1 が得られます。確かに、全加算器の計算が実現できていますね。表 3-13 に示した全加算器計算の他の場合も、同様に確かめることができます。

表 3-13　全加算器の対応表

A	B	C	S	C_1
0	0	0	0	0
0	0	1	1	0
0	1	0	1	0
0	1	1	0	1
1	0	0	1	0
1	0	1	0	1
1	1	0	0	1
1	1	1	1	1

結美子　これで、すべての2進数の足し算ができる準備ができま

したね。これを実際に計算に応用する場合には、これら回路を複数使って実施するのでしょうか。

雅人 まさにそうなんだ。ここでは、実際の計算回路を具体的数値で確認してみよう。ただし、その前に、全加算器の略図をつぎのように描くことにする。

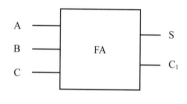

図 3-28　全加算器の略図

信雄 FA は "full adder" の略ですね。入力が A, B, C で、出力が S, C_1 となっていますね。

雅人 ここでは、0101 と 1000 の足し算を計算してみよう。

結美子 これは 10 進数では、5 + 8 ですから、答えは 13 つまり 1101 が解となりますね。

雅人 そうだ。実際の加算器の実行結果は図 3-29 のようになる。

和昌 なるほど。まず、入力は $A_3 A_2 A_1 A_0$ が 0101 という 2 進数ですね。そして、$B_3 B_2 B_1 B_0$ が 1000 という 2 進数に対応しています。そして、添え字は桁に対応しています。最初の桁の足し算

では、下からの繰り上がりがないので、半加算器でよいのですね。

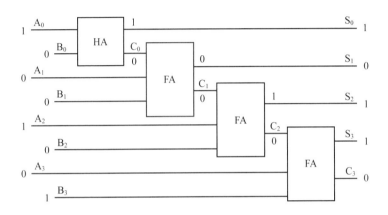

図 3-29　加算器を利用した 2 進数の足し算

しのぶ　それ以降では、下桁からの繰り上がりと、上桁への繰り上がりの両方があるので、全加算器が必要となります。そして、$S_3S_2S_1S_0$ が計算結果として出ます。いまの場合は 1101 となります。

和昌　すごいですね。本当に計算ができます。さらに、加算器の数を増やせば 5 桁以上の計算にも対応できるのですね。

3.8. コンピュータによる四則演算

信雄　ところで、論理回路と、その組合せによる半加算器と全

加算器の原理はわかりましたが、これらは、あくまでも2進数の足し算にしか対応できません。ただし、計算には引き算や割り算もあります。これら計算はどうなるのでしょうか。

雅人　実は、足し算ができれば、他の四則演算は、その応用ですべて可能となるんだ。だから、論理回路としては半加算器と全加算器があれば十分ということになる。

結美子　掛け算はわかります。たとえば

$$11010×101$$

を例にとると

$$11010×101 = 11010×1 + 11010×100$$

と分解できて

$$11010 + 1101000$$

のような足し算になります。しかし、どう考えても引き算と足し算が結びつきません。

雅人　確かに、常識的に考えれば、引き算を足し算で行うのは難しそうだよね。実は、ちょっとした工夫でそれができる。それを説明しよう。たとえば、3は2進数では11だね。この負の数に相当する−3があれば、この数を足せば、引き算になる。

信雄　それはわかりますが、どうやっても−3はつくれないですよね。

雅人　では、こう考えてみよう。ある2進数xがあって

$$11 + x = 00$$

122

第 3 章　論理回路

という式を満足する x があれば、これが -3 となるね。

しのぶ　はい、それはわかります。

雅人　コンピュータは 8 ビットが基本だが、原理は同じなので、簡単化のために、4 ビットで考えてみよう。すると

$$0011 + x = 0000$$

という式となる。ここで、この式の替りに右辺を 5 桁にして

$$0011 + x = 10000$$

を考えてみよう。

結美子　これならば計算できます。求める 2 進数は

$$x = 10000 - 0011 = 1101$$

となります。

雅人　これが 4 ビットの場合の -3 に相当する。つまり、10000 を 4 桁しかないとして 5 桁目の 1 を無視すれば、4 ビットの範囲では 0000 となる。

しのぶ　なるほど、5 桁目の 1 を切り捨てればよいのですね。それでは、試しに 7−3 を計算してみます。7 は 0111 ですね。-3 は 1101 ですから

$$0111 + 1101$$

を計算すればよいことになります。すると

$$0111 + 1101 = 10100$$

となります。右辺の 5 桁目を切り捨てれば 0100 となり、確かに、4 となります。

123

和昌 なるほど、この方法ならば、引き算が足し算になりますね。でもどうやって負の数を求めるのでしょうか。

雅人 実は、簡単な方法があるんだ。まず、3の0011に対応した−3を求める場合、すべての桁を反転させるんだ。すると1100となるね。これを **1の補数** (one's complement) と呼んでいる。なぜなら

$$0011 + 1100 = 1111$$

となって、すべての桁が1からなる数字ができる。コンピュータではNOT反転と言われ、NOT回路でつくることができる。

しのぶ ただし、このままでは桁は繰り上がらないですね。

雅人 そうなんだ。そこで、1の補数に1を足してみよう。

信雄 とすると、1100 + 1 = 1101 となりますね。そうか、この場合は

$$0011 + 1101 = 10000$$

となりますから、これが−3に対応するのですね。

雅人 そうだ。そして、これを **2の補数** (two's complement) と呼んでいる。

和昌 この方法ならば、簡単ですね。実際に8ビットで挑戦してみます。

$$00101100$$

を考えます。10進数では、$2^5+2^3+2^2 = 44$ です。この数の1の補数

は

$$11010011$$

となります。これに 1 を足せば、2 の補数が得られ

$$11010100$$

となります。これが -44 に対応します。$01000000 = 2^6 = 64$ ですので、$64 - 44$ を 2 進数で計算すると

$$01000000 + 11010100 = 100010100$$

となります。右辺の 8 桁を見ると

$$00010100_{(2)} = 2^4 + 2^2 = 16 + 4 = 20_{(10)}$$

となり、確かに答えがあっていますね。

雅人 これがコンピュータ上で、足し算によって引き算ができるマジックだ。

結美子 なるほど、賢いですね。ちょっとした発想の転換が必要ですが、確かに、この方法で引き算が計算できます。ところで割り算はどのようにすればよいのでしょうか。

雅人 割り算は引き算の応用で可能となる。つまり割られる数から、割る数をどんどん引いていけばいいんだ。これも簡単化のために 4 ビットで考えてみよう。$8 \div 4$ を考えてみる。これは 2 進数では、$1000 \div 0100$ となる。ここで 0100 の 2 の補数は $1011+1 = 1100$ となるが、これが -4 に対応する。

しのぶ なるほど、後はわかります。

$$1000 + 1100 = 10100$$

から、0100 となります。これは、$8-4$ の計算ですね。さらに

$$0100 + 1100 = 10000$$

となります。よって割る数が2個分入っていますから解は1+1=
10ですね。つまり、引き算のたびに1を足していけばよいことに
なります。

雅人　その通りだね。この方法なら余りの計算も可能だし、必
要であれば、小数点以下の計算も可能となる。

第4章　インターネット

雅人　現代のデジタル技術の代表が**インターネット** (the Internet) と言われている。インターネットの発達によって、世の中は本当に大きく変わった。驚くことに、情報が瞬時に世界中に伝わる。これは、大変なことだ。

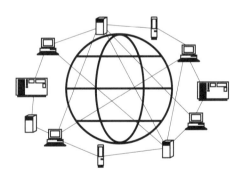

図 4-1　インターネットは世界中をつなぐ巨大な情報ネットワークであり、情報は一瞬にして世界を駆け巡る。

信雄　それで、失敗したひとも多くいますね。深く考えずに、気軽に発した発言が世界中に拡散され、炎上するひともいます。

結美子　インターネットのおかげで、自分の歌や作品を手軽に発信することができるようになりました。Justin Bieber のように、YouTube に自作の歌を発表して、世界的なスターになった歌手もいます。

和昌　日本でも、芸能プロを通さずに Instagram の投稿をきっかけに YouTube でデビューしたフワちゃんがいます。ピコ太郎もネットに PPAP (pen-pineapple-apple-pen) の歌と踊りをアップしただけで世界的なスターになりました。

雅人　わたしが驚いたのは、アフリカの砂漠地帯で、太陽電池を PC の電源にして、衛星通信でインターネットにつなげているのを見たときだね。これは、すごいことだと思ったよ。

しのぶ　先生が、話されていましたが、モンゴルの 15 歳の少年が、インターネットで英語を独学で勉強し、その後、MIT (Massachusetts Institute of Technology) が提供するインターネット授業 (OCW: open course ware) を受講して、特待生として MIT に合格したことなど、まさにインターネット時代のマジックと思いました。

雅人　われわれ研究者にとっては、インターネットは欠かせない存在になったんだ。わたしが学生の頃は、航空便で海外に論文投稿などを行っていた。論文誌も紙の印刷だから、論文を書いてから出版されるまでかなりの時間を要していたが、いまではインターネットを使えば、論文を世界中に瞬時に送ることができる。雑誌も電子媒体なので便利になっている。

128

第4章 インターネット

和昌 それを考えると、インターネットの普及は本当にすごいですね。

雅人 最近、世界で成功している企業は、ほとんどがインターネット関連企業なんだ。インターネットを制するもの、世界を制するといわれる所以だね。ただし、インターネットがこれだけ広まったのはごく最近のことなんだ。

結美子 先生が学生の頃は、海外との通信手段は、電話と航空便しかなかったと言われていましたね。

雅人 そうなんだ。当時は、電話回線を利用した**ファクシミリ** (facsimile) による送受信もあったが、とてもお金がかかるうえに解像度にも難があったからね。さらに、通信する双方にファックス専用の送受信装置も必要だった。さらに、1970年代は、アメリカとの通話には1分10000円もかかったんだ。とても一般人が手を出せるものではなかった。

信雄 それでは、気軽に通話なんかできませんね。ファックス送信にも大変なコストがかかります。いまでは、Skypeなどのインターネット無料通信もあります。最近では、Zoomなどもありますね。

雅人 インターネットが自由に使えるようになったのは1990年代からなんだ。ただし、これだけ発達したのは、2000年以降だね。それには、通信技術の進展と、通信機器やコンピュータのデジタル機器の急速な高度化も関係しているんだ。

しのぶ なるほど、通信技術が重要なことはわかります。

和昌 通信技術には、**有線通信** (cable communication; wired communication) と**無線通信** (wireless communication) がありますね。

雅人 初期の電話は有線が基本だったね。そう言えば、みんなは**糸電話** (string telephone) を知っているよね。

結美子 はい、小学校の頃に理科の時間につくりました。紙コップが2個と糸があればつくることができます。

雅人 普段、われわれが会話する際には、自分たちが発した声の振動が空気を伝わって耳に届くから聞こえるんだ。

信雄 **音** (sound) は、空気の振動、しかも**縦波** (longitudinal wave) でしたね。そう言えば、音速は340 [m/s]とかなり速いのでしたね。だから、瞬時に会話できるのですね。

雅人 音は、空気だけでなく、いろいろなものを伝わることができる。たとえば、金属中の音速は5000 [m/s] を超える。そして、糸も、音波を伝えることができる。

結美子 糸電話が可能なのはそのためですね。

雅人 空気中では360度の方向に拡散するため、すぐに音は減衰するが、糸電話の場合、音の振動が糸に沿って伝わっていくので拡散しない。だから、離れていても声が聞こえるんだ。

第 4 章　インターネット

しのぶ　実際には、どの程度の距離を伝達できるのでしょうか。

雅人　200 [m] 以上という記録もある。

和昌　それは、すごい記録ですね。

雅人　ただし、誰かが途中で糸をつまめば、振動が伝わらないので音が遮断される。また、糸がピンと張っていないとだめなんだ。よって、障害物を避けて、いかに糸をしっかり張れるかも課題となる。

結美子　ところで、電話の原理はどうでしたでしょうか。

雅人　基本的には糸電話と同じだよ。ただし、電話では、音を電気信号に変えて、電話線を通して伝えている。つまり、電話線が糸の役目をしているんだ。

しのぶ　電話線の材料には何が使われているのでしょうか。

雅人　一般には**銅線** (copper wire) が使われている。電流が流れればよいので、他の金属でも可能だ。そして、電気信号なので、長距離間での通話が可能となる。これは、アナログ電話と呼ばれている。ただし、最近の電話では音声をデジタル信号に変えて送るタイプが当たり前になっているね。

和昌　世界中の通信は、有線と無線をうまく組み合わせて行われていると聞きました。ただし、離れた位置で有線ケーブルを

介さずに通信できるという**無線技術** (wireless technology) には興味があります。

雅人 それでは、まず、無線通信に重要な役割を果たす**電波** (radio wave) について、復習してみようと思う。

4.1. 電波

結美子 電波といえば、ラジオ放送やテレビ放送というイメージがあります。

雅人 そうだね。ラジオもテレビも番組を送受信するためには、**アンテナ** (antenna) が必要になるが、日本ならばどこに居ても、これら放送を自由に視聴できる環境にある。

信雄 電波は**電磁波** (electromagnetic wave) の一種なのでしたね。

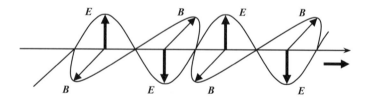

図 4-2　電磁波は電場と磁場の振動が空間を伝わる現象。電場 E と磁場 B は互いに垂直方向に振動し電磁波の進む方向はこれら振動に垂直方向となる。つまり横波 (transverse wave) となる。

第 4 章　インターネット

雅人　その通り。図 4-2 に示すように、電磁波というのは**電場 *E***
(electric field) と**磁場 *B*** (magnetic field) の振動が空間を伝わってい
く波のことだ。

和昌　目に見える**可視光** (visible light) も電磁波の一種でしたね。

雅人　そうだ。そして、電磁波の進む速さは、すべて光速で $3 \times$
10^8 [m/s] つまり、1 秒間に 30 万 [km] 進むので地球を 7 周半でき
ることになる。

結美子　なるほど、電波を通信に使えば、一瞬で全世界とつな
がるのですね。

しのぶ　電磁波の種類は多くて、地球温暖化の原因とされてい
る赤外線も電磁波の一種、レントゲン撮影に使う X 線も電磁波の
一種でしたね。

結美子　核分裂反応で発生するガンマ線も電磁波の仲間です。

雅人　そうだね。これらは、図 4-3 に示すように、電磁波の**波長**
(wave length: λ) が異なるだけで同じ仲間なんだ[9]。放送に使われ
る電波は波長が 100 [m] から km オーダーになるし、一方で、X 線
の波長は 0.01 [nm] から 1 [nm] (10^{-9} [m]) 程度と非常に短い。この

――――――――――――――――――――

[9] 電磁波は**振動数** (frequency) によっても特徴づけることができる。周波
数と呼ぶこともある。波長 λ と振動数 ν は反比例の関係にあり、光速を c
とすると $c = \nu \lambda$ という関係にある。つまり、電磁波に関しては、波長あ
るいは振動数を指定すれば、その種類が特定できることになる。

ように、同じ電磁波でも、その波長の範囲は非常に幅広いんだ。

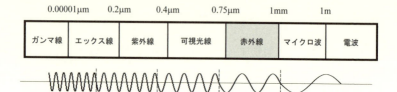

図 4-3 電磁波の種類：電磁波は波長の違いによってエックス線から電波まで多くの種類がある。電波は、波長が 1 [m] 以上の電磁波である。

和昌 可視光は、波長の範囲が 0.4〜0.75 [μm] にある電磁波[10]なのですね。

結美子 可視光には**虹** (rainbow) の色と同じ 7 色があります。光は**プリズム** (prism) を使うと、**屈折率** (refractive index) の違いを利用して色を分離できます。波長が長い光ほど屈折率が小さいのでしたね。

雅人 プリズムは三角柱のガラスで、図 4-4 に示すように、光の速度が空気中とガラス中では変化するために、境界面で屈折が起こるんだ。虹が見えるのも、大気中にある水滴によって屈折が起こるからなんだ。

---

[10] マイクロメータ μm は 10^{-6} [m] のことで、1000 分の 1 [mm] である。波長の単位としてはナノメートル nm もよく使うが 10^{-9} [m] である。よって 0.4 [μm] は 400 [nm] となる。

第 4 章　インターネット

しのぶ　逆に言えば、波長が短いほど屈折しやすいということになります。電波では、波長の長い長波に比べて、波長の短い短波が遠くまで届きにくいということをよく聞きますが、このことを反映しているのですね。

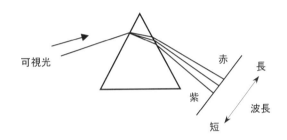

図 4-4　プリズムは電磁波が波長によって屈折率が異なることを利用し、太陽光を 7 色に分光することができる。波長が長い光ほど屈折率が小さい。

信雄　図 4-3 を見ると、ラジオやテレビ放送に使われる電波は波長が 1 [m] 以上の電磁波のことなのですね。

雅人　電波をなんらかの通信に使われるものと考えれば、定義も変わってくる。だから、波長による厳密な定義はないんだ。ただし、電波法によれば、電磁波のなかで周波数が 3 [THz] 以下のものが電波と定義されている[11]。つまり波長でいえば、100 [µm] 以上ということになる。

---

[11] THz (tera-hertz) という単位は、T (tera) が 10^{12} であり、Hz は、1 秒間に何回振動するかという単位なので、1 [THz] は 1 秒間に 10^{12} つまり 1 兆回振動する波のことである。ただし、電波としての応用例はいまのところない。

しのぶ　電波は波長が 1 [m] 以上の電磁波と習いましたが、実際には、かなり波長の短い電磁波も使われているのですね。

雅人　ラジオ放送に使われる電磁波の周波数は 500～1000 [kHz] 程度だ。波長としては 500 [m] と長い。

結美子　そんなに波長の長い電磁波でも音の情報を伝えられるのですね。

雅人　波長が長いと言っても、周波数 500 [kHz] というのは、1 秒間に 50 万回振動する電磁波だ。音の情報は問題なく伝えられる。表 4-1 に、実際に利用されている電波の種類をまとめている。

和昌　こうやって見ると、電波だけでも、いろいろな種類があり、応用範囲もとても広いのですね。

雅人　表 4-1 を見ると、波長と周波数の対応関係がわかるだろう。電磁波の伝播速度 c は、光速の 3×10^8 [m/s] だ。そして、波長 λ [m] と周波数 ν [s^{-1}] の間には

$$c = \nu \lambda$$

という関係が成立する。だから、波長が 1000 [m] と長くとも周波数は 300000 つまり、3×10^5 [s^{-1}] と高いんだ。

しのぶ　だから、長波であっても、いろいろな情報も載せられるということなのですね。

雅人　その通り。ところで、より周波数の高い電磁波を通信に

136

第4章　インターネット

使えれば、情報量も多くなるんだが、短波長の電波は減衰が大きいという欠点もある。つまり、遠くまで届かないんだ。

表4-1　電波の種類: 名称と用途

周波数	波長	名称	用途
300 [GHz]	1 [mm]	EHF ミリ波	電波天文 レーダー
30 [GHz]	1 [cm]	SHF センチ波	衛星放送、レーダー ETC, 無線 LAN
3 [GHz]	10 [cm]	UHF 極超短波	携帯電話、タクシー無線 テレビ、電子レンジ
300 [MHz]	1 [m]	VHF 超短波	テレビ、FM ラジオ放送 航空管制
30 [MHz]	10 [m]	HF 短波	船舶通信、航空機通信 短波ラジオ
3 [MHz]	100 [m]	MF 中波	AM ラジオ放送 船舶通信
300 [kHz]	1 [km]	LF 長波	電波時計 電波航行
30 [kHz]	10 [km]	VLF 超長波	潜水艦通信

結美子　いま注目されている 5G (fifth generation) とは第5世代の移動体通信のことですよね。この前、5G 対応の携帯を買ったばかりです。

雅人　5G 通信に使われる電磁波の周波数は、10 [GHz] 程度だ。G (giga) は 10^9 で Tera の 1/1000 だ。だから、5G といっても、そ

137

んなに周波数が高いわけではない。

しのぶ 実用化されている通信では、THz までは達していないということですね。

雅人 いまのところはそうだ。実は、無線通信では通信速度のほうが重要とされている。

和昌 なるほど、たとえば、動画を受信する際に、とても時間がかかるときがありますね。確か、5G では映画が 5 秒で受信できると聞きました。

雅人 送受信の機器にもよるが、宣伝文句では、そう言われているね。実は、この通信速度を量る単位が bps なんだ。

信雄 ビーピーエスと呼ぶのでしょうか。聞いたことはありますね。

雅人 bps は "bit per second" の略で 1 秒間にどれだけの情報（ビット）を送信できるかという指標となる。5G では、これが 10 [Gbps] とされている。つまり 1 秒間に 10G ビットの容量の情報を送ることができる計算になる。

しのぶ 少しややこしいですが、5G の G は "generation" つまり世代のことで、10G ビットの G はギガ "giga" で 10^9 のことですね。ところで、動画の容量はどの程度でしたでしょうか。

138

第4章　インターネット

雅人　1時間で2GB (gigabyte) 程度と言われている。1バイトは8ビットだから、ファイルサイズは、約16Gビットとなる。だから、5Gならば、1時間の動画ファイルを送るのにかかる時間は、単純計算で1.6秒程度となる。もちろん、送る側と受け取る側の環境によっても時間は異なるが、確かに、短時間だよね。第4世代ケータイ (4G) の場合には、送信速度は1 [Gbps] 程度と言われているので、この10倍の時間がかることになる。

結美子　とは言え、たったの16秒ですから、ものすごいスピードであることに変わりはありません。

雅人　表4-2に示すように、携帯電話には第1世代 (first generation: 1G) から第5世代 (fifth generation: 5G) まであり、通信容量も速度もどんどん進歩を遂げているんだ。

和昌　第1世代は、アナログ通信だったのですね。

表4-2　第1世代 (1G) から第5世代移動通信 (5G) の仕様

世代	1G	2G	3G	4G	5G
国内開始年	1979年	1993年	2001年	2010年	2020年
変調方式	アナログ FDMA-FM	デジタル TDMA, CDMA	デジタル CDMA	デジタル OFDM	デジタル OFFM
機能	通話	メール	インターネット	動画	IoT, 4K動画
通信速度	9.6 kbps	64 kbps	14.4 Mbps	1 Gbps	10 Gbps
周波数	12.5-25kHz	800MHz, 1.5GHz	2GHz帯	3.5GHz帯 など	10 GHz

雅人 そうなんだ。いわゆる通話機能しかなかった時代だね。それでも、利用するためには、わざわざ電話加入権を購入する必要があったんだ[12]。機種まで含めると20万円くらいかかったかな。さらに、通話料も高くて1分100円だったね。

結美子 えっ、1時間話したら6000円ですか。いまでは、とても信じられません。しかも、機能が通話だけで、その値段ですか。

雅人 第2世代になったときは、機器も小型化し、メールができるようになったのが画期的だった。そして、第3世代ではインターネットが見れるようになったんだ。これも驚きだったね。

信雄 僕たち世代には、携帯電話というよりも移動通信機器と呼んだほうがぴったりですね。インターネットは当たり前で、いまは動画が当たり前の時代です。

雅人 確かに携帯電話ではなく、携帯コンピュータだよね。その進歩を目の当たりにしてきた人間にとっては、すごい変化だよ。これも、デジタル技術の恩恵だね。

4.2. アンテナと送受信

しのぶ ところで、具体的にどうやって無線で信号を送ったり、

---

[12] かつては電信電話公社（NTT の前身）の固定電話を設置するためには、電話加入権を購入する必要があった。設備費と併せて10万円以上かかった。いまの携帯電話購入では発生しない。この加入権は売買されていたため、その仲介業者が大損したとしてNTTを訴えたことがある。

第 4 章 インターネット

受け取ったりしているのでしょうか。

4.2.1. 送信

雅人 まず、電磁波が電場と磁場が振動している波であるということが基本となる。特に、重要なのは、図 4-5 に示したように、電場の振動が空間を伝わっていくという事実だ。

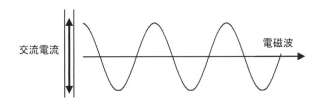

図 4-5 導体に交流電流が流れると、電場と磁場の振動が生じる。これが、電磁波である。図では電場の振動のみ示している。

しのぶ 音の場合には、空気の振動が空間を伝わっていきますが、電波では、電場(と磁場)の振動が空間を伝播していくのですね。

雅人 しかも、電磁波では振動を伝えるための媒質を必要としない。だから、真空中でも光は伝播していく[13]。はるかかなたの宇宙から光が届くのはそのためなんだ。

和昌 どうやれば、電磁波を発生できるのでしょうか。

---

[13] 光 (電磁波) の速度は真空中でもっとも大きく 3×10^8 [m/s] である。物質中では光の速度は遅くなる。これが屈折の原因となる。

雅人 それは簡単で、図 4-5 に示すように、**交流電流** (alternate current: AC) を流せばよいんだ[14]。

信雄 なるほど、つまり、送信側のアンテナに交流電流を流せば、電磁波が発生するのですね。

結美子 ラジオ放送で使われている電波の周波数は 500 [kHz] 程度ですから、この程度の周波数の交流電流が必要になるのですね。

雅人 一般に家庭で使われている電気の交流が 50 [Hz] と 60 [Hz] だから、これよりもかなり大きいよね[15]。一般に、10 [kHz] を超える周波数のものを**高周波電流** (high frequency current) と呼んでいる。

和昌 わざわざ、そう呼んでいるのはどうしてでしょうか。

雅人 実は、われわれのまわりには高周波電流を利用する装置がいろいろある。高周波加熱装置や電子レンジもそうだ。これら装置には高周波の交流電流が流れているから電波を発生する。このため、通信の妨げになることがある。だから、高周波を使う際には総務省に届け出る必要がある。

---

[14] 電荷の運動が何らかの力によって変化（加速）するときに、エネルギーとしての電磁波が発生する。直流電流は磁場を発生するが、電磁波は発生しない。

[15] 一般家庭に送られる交流電流は、東日本では 50 Hz, 西日本では 60 Hz と異なっている。これは、当初、導入された発電機が東京ではドイツ製、大阪ではアメリカ製と異なっていたことによる弊害である。

第4章 インターネット

しのぶ なるほど。放送用のアンテナだけでなく、いろいろな機器からも電波が発生する可能性があるのですね。

信雄 ということは、モータからも電磁波が発生しているということですね。モータはいたるところで使われています。

雅人 だから、電波障害の原因は都会では至る所にあるんだ。

結美子 ところで、送信側はわかりましたが、受信側のアンテナはどうなっているのでしょうか。

4.2.2. 受信用アンテナ

雅人 受信用のアンテナは簡単で、基本的には金属の棒があればいいんだ。金属の種類としては、電流が流れればよいので銅でもアルミニウムでもよい。

しのぶ 具体的には、金属の棒で、どのようにして電波をキャッチするのでしょうか。

雅人 電場があれば荷電粒子には力が働くことが知られている。電荷の大きさを q [C]、電場の強さを E [V/m] とすれば、電荷に働く力 F [N] は $F = qE$ と与えられる。たとえば 1 [m] の距離だけ離れた電極間に 100 [V] の電圧がかかっていれば、その空間には $E = 100$ [V/m] の電場が生じることになる。そこに 1 [C] の電荷をおけば 100 [N] の力が働く。

143

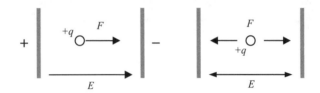

図 4-6 電場があれば、価電粒子に力が働く。よって、電場が振動すれば、電荷にはたらく力も振動し、その結果、電荷も振動することになる。電子の場合には、力は、この図とは逆方向に働く。

結美子 なるほど、受信側のアンテナは金属で、その中には荷電粒子の自由電子が存在しますね。電磁波では電場 (E) が振動していますから、アンテナ中の電子も、電場の振動に対応して振動するのですね。

雅人 その通り。その結果、電波の振動に対応した交流電流がアンテナに流れるんだ。これによって信号を受け取ることができる。

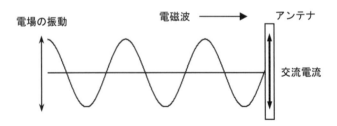

図 4-7 アンテナによる受信の仕組み。電磁波の電場の振動によってアンテナ内の電子の振動が誘導される。

第 4 章 インターネット

4.2.3. ラジオ放送

しのぶ 電波が電磁波の仲間であり、電場が振動しているということを利用するのですね。ところで、ラジオには AM 放送と FM 放送がありますが、どんな違いがあるのでしょうか。

雅人 AM は "amplitude modulation"、FM は "frequency modulation" の略だが、それぞれ、**振幅** (amplitude) と**周波数** (frequency) を**変調** (modulation) するという意味になる。その前にラジオ放送の特長を説明しておこう。

結美子 電話は音声の振動つまり音波を、電気の信号として電話線を通して送っています。ラジオも音声の振動を、電磁波の信号として送っているのではないでしょうか。

雅人 それならばわかりやすいが、実は、それだとうまくいかないんだ。たとえば、音楽の振動は 200〜1000 [Hz] 程度だ。それでは、1000 [Hz] の電磁波の波長はどれくらいになるだろうか。

和昌 電磁波のスピードは光速ですので、$c = 3 \times 10^8$ [m/s] です。周波数が 1000 [Hz] のとき $\nu = 1000$ [s^{-1}] ですので、波長 λ [m] は
$$\lambda = c/\nu = 3 \times 10^8/10^3 = 3 \times 10^5 \text{ [m]}$$
から、なんと波長は 300 [km] となりますね。

雅人 つまり、音の振動を電波に変換すると、こんなに長い波長となってしまうんだ。そして、こんな波長の長い電磁波は空間をうまく伝わることができない。電波つまり電磁波のエネルギー E は周波数 ν に比例し、

$$E = h\nu$$

と与えられる。ここで、比例定数の h は**プランク定数** (Planck constant) と呼ばれている。つまり周波数の低い電波は、エネルギーが低すぎて大気中を伝播することができないんだ。

信雄 確かに、波長が 300 [km] では、波というイメージはないですね。先ほど、ラジオ放送の周波数は 500 [kHz] 程度と言われていましたね。オーダーが全然違います。

雅人 このラジオ放送用に利用する電波のことを**搬送波** (carrier wave) と呼んでいる。そして、ラジオ放送では、音楽や声に対応した波を、この搬送波に載せて送っている。

しのぶ なるほど、情報を搬送する電波という意味ですね。この方法に、AM と FM の 2 種類があるのですね。

4. 2. 4. AM 放送の原理

雅人 その通り。まず、AM の原理を示すと、図 4-8 のようになる。

結美子 なるほど、この図を見ればよくわかります。1 が搬送波ですね。この搬送波に、2 の音声信号を載せると、3 のような**被変調波** (modulated wave) になります。この図では、搬送波の振幅 (amplitude) が変調されているので、AM 方式なのですね。

雅人 その通りだ。受信するときは、アンテナには 3 の被変調波に対応する交流電流が流れるが、うまく回路を組んで、2 の音声

信号だけを取り出せば、声や音楽を聴くことができる。この操作を**検波** (detection) と呼んでいる。

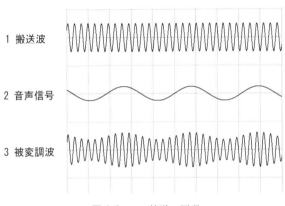

図 4-8　AM 放送の原理

4.2.5. 検波

結美子　検波とは具体的にどのような操作なのでしょうか[16]。

雅人　いちばん簡単なのは、ダイオードを使って被変調波の一方向成分だけを取り出す方法だ。たとえば正の方向だけを取り出すと、図 4-8 の被変調波は、図 4-9 のような波になる。

信雄　この波を見ると包絡線が、もとの音声信号になっていますね。

---

[16] 検波のことを復調 (demodulation) と呼ぶ場合もある。実は、専門用語としては検波よりは復調が一般的である。FM 放送では検波とは呼ばずに復調と呼んでいる。

図 4-9 ダイオードを使って検波した被変調波

雅人 そうなんだ。そして、スピーカーやイヤホンでは、この変化分だけが振動となるので、もとの声や音楽を聴くことができる。

和昌 面白いですね。でも原理は実に簡単ですね。

4.2.6. ゲルマニウムラジオ

雅人 この受信用のラジオに、ゲルマニウムダイオードが使われているものがあって、ゲルマニウムラジオと呼ばれている。しかも、このラジオは、電源がなくとも音声を聞くことができるんだ。ちなみに、その回路を図 4-10 に示してある。

信雄 この回路には、高校の物理で習った LC 回路が含まれていますね。コイルの**インダクタンス** (L) と、コンデンサの**静電容量** (C) を変化させると

$$f = \frac{1}{2\pi\sqrt{LC}}$$

という周波数で共振するのでしたね。

第 4 章　インターネット

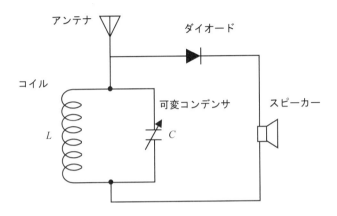

図 4-10　ゲルマニウムラジオの回路図。ラジオの音声放送を聞くために電源を必要としない。

雅人　その通り、この回路では、**可変コンデンサ** (variable condenser) を使って、静電容量の C を変えているんだ。バリコンとも呼ばれている。ちょうど、ラジオやテレビのチャンネルに相当する部分だ。そして、C を変えて 594 [kHz] に共振周波数の f に合わせれば、アンテナが NHK 第 1 放送の電波をキャッチできるんだ。

結美子　では、実際に計算してみましょうか。

雅人　そうだね。まず単位から、確認しておこう。周波数 f の単位は Hz だね。つぎに、コイルのインダクタンスの単位は**ヘンリー** (H)、コンデンサの容量の単位は**ファラッド** (F) となる。ただ

し、これら単位は大きいので、一般には 10^{-6} [H] = 1 [µH] や 10^{-12} [F] = 1 [pF] などのマイクロヘンリーやピコファラッドが単位として使われる。ただし、p は "pico" で 10^{-12} の接頭辞となる。ここでは、300 [µH] のコイルを使ったとしよう。

結美子　とすれば、$f = 594$ [kHz] = 594000 [Hz]、$L = 3 \times 10^{-4}$ [H] となりますね。

$$f = \frac{1}{2\pi\sqrt{LC}} \quad \rightarrow \quad 5.94 \times 10^5 = \frac{1}{6.28\sqrt{3 \times 10^{-4} C}}$$

となります。よって、コンデンサの静電容量は

$$C = \frac{1}{5.94^2 \times 10^{10} \times 6.28^2 \times 3 \times 10^{-4}} \cong 2.4 \times 10^{-10}$$

から

$$C = 240 \text{ [pF]}$$

となります。

雅人　つまり、可変コンデンサを使って、静電容量を 240 [pF] に調整すれば、ラジオ第一放送の搬送波に共振し、電波をキャッチできることになる。ただし、このままでは音は再生できないので、さらにダイオードを使って正の部分の波だけを取り出すようにする。

しのぶ　ダイオードで、図 4-9 のように、被変調波を検波すれば、音声信号を再現できるのですね。しかし、電源がなくともラジオが聞けるというのは、すごいです。

雅人　この回路は自分でも簡単につくることができる。小学校

の頃に、自作したが、ラジオ放送が聞こえたときは、感激したよ。

4.2.7. FM 放送

雅人 それでは、基本的原理は同じだが、**周波数** (frequency) を変調させる FM 放送についても見ておこう。その原理は、図 4-11 のようになる。

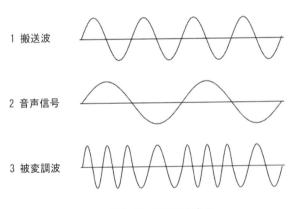

図 4-11　周波数の変調

信雄 この場合は、振幅は一定で、周波数のほうが変化しているのですね。

雅人 そうなんだ。ただし、周波数は 300 [MHz] と AM ラジオ波よりもかなり高い。たとえば、東京 FM は 80 [MHz] なので波長は約 4 [m] となる。アンテナには、波長の 1/4 程度が乗るので、1 [m] 程度となる。

結美子 音楽を聴くなら AM ではなく、FM 放送がよいと言われています。それは、変調方式の違いなのでしょうか。

雅人 そうだね。まず、FM の場合の搬送波の周波数[17]は AM よりも高い。さらに、電波は広い空間を飛んでくるので、放送局から受信アンテナに入るまでには、いろいろな雑音の影響を受ける。他の放送電波との混信もあるんだ。

しのぶ 確かに、放送局の数だけでもやまのようにありますね。その他にもタクシー無線や高周波装置からの電磁ノイズなど、電波に影響を与える要因はたくさんあります。雷もそうですね。

雅人 これが、放送時の雑音となってしまうんだ。このノイズは振幅に影響を与えるが、FM の周波数には影響を与えない。だから、FM 放送のほうがノイズが小さくてすむ。

結美子 なるほど、そういうことなのですね。

4.3. 携帯電話の通信

雅人 ところで、地震や台風などの自然災害が起こったときに、携帯がつながりにくくなったり、場合によっては使用不能になるよね。無線通信なのに、どうしてだろう。

---

[17] AM 放送の NHK ラジオ第一の周波数は 594 [kHz]であり、NHK-FM 放送では、82.5[MHz]となっている。

第4章 インターネット

和昌 それは、前から不思議に思っていました。

雅人 実は、無線でつながるのはごく近隣の範囲で、実際には有線通信がメインとなっているんだ。無線で通信しているのは、近くの**基地局** (base station) とのやりとりだけになる。

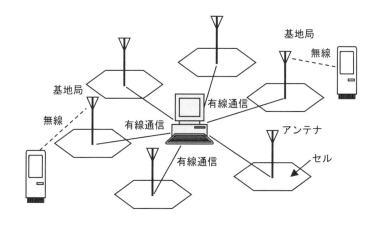

図 4-12 携帯電話による通信の仕組み

結美子 なるほど、わたしたちの携帯は、近くにある基地局と無線で電波を利用してやりとりしているのですね。

雅人 そうなんだ。そして、基地局がカバーできる範囲を**セル** (cell) と呼んでいる。"cell" は英語で「細胞」という意味だ。このため携帯電話のことを**セルフォン** (cell phone) と呼ぶこともある。

しのぶ それから**セルラー** (cellular) という用語も聞きます。セ

ルとは、「細胞」という意味だったのですね。

雅人 英語では、"mobile phone" とも呼んでいるね。いずれ、このように、携帯電話が無線と言っても、セル内だけの話なので災害などによって基地局のアンテナが被害を受けると、携帯がつながらなくなるんだ。

和昌 なるほど、そういうことだったのですね。僕は、遠く離れた家族とも無線で通信しているものとばかり思っていました。電波の届く速さは光速の 30 万 [km/s] ですよね。北海道と沖縄の距離は2246 [km] ですから、光なら100分の1秒もかかりません。まさに、一瞬です。

雅人 もちろん、そうなんだが、空間に出た電波はどんどん減衰してしまう。もし、電波を北海道から沖縄に届けようとしたら、かなりの出力が必要となる。すると、携帯電話も巨大にならざるを得ない。

しのぶ 確かにそうですね。実際には、セルの大きさはどれくらいなのでしょうか。

雅人 だいたい数 100m から数 km と言われている。人口の少ない田舎の平野部ではセルは大きくできる。3 [km] にわたる場合もあり、これを大ゾーンと呼んでいる。一方、人口の多い都会ではセルは小さくなる。これを小ゾーンと呼んでいる。さらに、繁華街ではセルを重複させることもある。これをオーバーレイと呼んでいる。

第4章　インターネット

和昌　人口密度が高い場所では、それだけ多くのひとが携帯電話を使うので、当然、基地局の数も増やす必要があるということですね。

雅人　そうだね。そして、相手の電話番号にかけると、その信号は近くの基地局にまず届く。そして、その情報が**交換局** (telephone exchange) と呼ばれるサーバに送られる。そこで、コンピュータが通信相手に最も近い基地局を瞬時に選んで、その情報を送る。すると、その基地局から、電波が相手の携帯電話に送られて相互通信が可能となる。

結美子　なるほど。基地局間や基地局と交換局間は有線ケーブルでつながれていて、携帯電話はローカルな基地局のアンテナと無線で通信しているだけなのですね。

雅人　そうなんだ。だから、基地局が近隣に整備されていないと携帯は使えない。携帯が普及し始めた 1990 年代は、田舎では基地局が整備されていなかったので、日本中に携帯の使えない場所があったんだ。さらに、最近でも、災害などで近くの基地局に被害があったときには、携帯電話が不通になる。さらに、多くのひとが一斉に電話をかけたら、基地局の容量をオーバーすることもある。

信雄　確かに、使えるひとの数は限られていますから、大勢のひとが電話をかけたら、一箇所の基地局では、捌ききれなくなるのですね。

155

和昌 携帯電話の通じない場所が日本にたくさんあったなんて、いまでは、笑い話ですね。そう言えば、ケータイの画面にアンテナが3本とか1本立っているとか騒ぎますね。

図 4-13 電波の状況をアンテナの数で表示することもある。

しのぶ 本当にダメなときは圏外と出ますよね。そう言えば、無線 LAN として最近では**ワイファイ** (Wi-Fi) をよく聞きますね。

4.4. Wi-Fi ワイファイ

雅人 LAN とは "local area network" の略で、大学や会社や家庭などの限られたエリア内において、ケーブルなどで接続してデータのやり取りが行えるコンピュータ・ネットワークのことだ。

しのぶ 最初に、研究室に LAN が導入されたときは、とても便利と思いました。そこを経由してインターネットだけでなく、研究室内のネットワークもできましたから。

4.4.1. 有線 LAN

雅人 昔は、有線 LAN だったよね。さらに、電話回線を使うときには、モデムが必要だった。**モデム** (MODEM) とは、電話回線のアナログ信号をデジタル信号に変換する装置だ。さらに、**ルータ** (router) によって交通整理をし、**ハブ** (hub) を使って口数を

第 4 章　インターネット

増やして、有線で複数のコンピュータをつなげていたんだ。

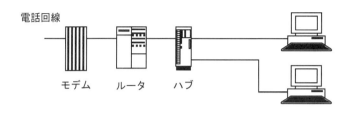

図 4-14　電話回線を利用した有線 LAN

信雄　ルータは、日本語では、「発送係」や「発送経路を仕分ける人」という意味がありましたね。つまり、ネットワークと複数のコンピュータをつなげる装置のことでしたね。

雅人　家庭用のルータには、図 4-15 に示すように、回線とつながる WAN ポートと、複数の LAN ポートがあるので誤解があるが、複数の電子機器の口数に分けるのは、**スイッチング・ハブ** (switching hub) の仕事となる。単に、ハブ と呼ぶこともある。まわりのコンピュータと LAN ケーブルでつながっているんだ。

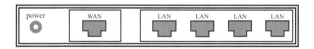

図 4-15　有線 LAN 用のルータ：インターネットにつなぐ WAN ポートと電子機器をつなぐ複数の LAN ポートからなるハブが一体となっている。

しのぶ　なるほど、ルータとハブは、本来は別々のものなので

157

すね。ただし、口数を増やすハブがルータに組み込まれているものが多いので、一般のひとが勘違いしていたのですね。

結美子 WAN ポートが、メインのネットワークにつながっていて、インターネットにもつながっているのですね。

雅人 その通り、WAN は "wide area network" のことで、広域ネットワークと日本語では呼んでいる。

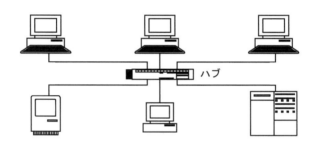

図 4-16 有線 LAN では、ハブの口数を増やすことで、PC をはじめとしたいろいろな電子機器を LAN ケーブルによってネットワーク化できる。

結美子 ルータには、複数の LAN ポートがあり、学生は、自分のコンピュータに LAN ケーブルを差し込めば、すぐに、ネットにつなげることができたので、ものすごく便利だなと思った記憶があります。

信雄 ハブの LAN ポートは簡単に増設が可能でした。研究室の学生が増えると、だんだん、タコ足配線のように複雑になった

ので、何度も、ハブを使って配線を整理したことがあります。

4.4.2. 無線 LAN

雅人 LAN は、とても便利だが、つなげるコンピュータや機器の数が増えると、大変になるよね。そのうち、配線が複雑になって、一から見直さないといけないこともあった。そこで登場するのが、Wi-Fi つまり、無線 LAN なんだ。これは、LAN ケーブルの替りに、無線通信でつなぐネットワークのことだ。

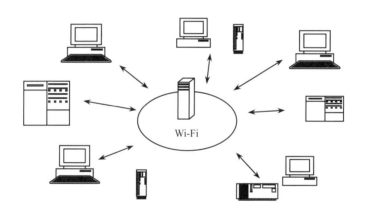

図 4-17 無線 LAN である Wi-Fi を使えば、結線なしに PC やスマートフォンなどの複数の電子機器をインターネットにつなげることができる。

和昌 確かに、研究室も Wi-Fi になって、結線の必要がないので、とてもすっきりしました。なにしろ自分のスマートフォンをつなぐこともできます。それまでは、他人の LAN ポートを無断使用する学生も居ましたからね。

雅人　大学では、無線 LAN の Wi-Fi が使えるところも増えている。だから、いまや大学構内にいれば、自由に Wi-Fi につなぐことができるので、PC を持ち歩けば、どこからでもインターネットにつなぐことができるようになっている。

しのぶ　確かに、便利ですよね。ところで、Wi-Fi とは、無線 LAN のことなのでしょうか。

雅人　いまでは、イコールのように使われているが、正式には、Wi-Fi は、無線 LAN の一規格ということになる。もともとは、"wireless" つまり無線と "fidelity" という単語をつなげた造語だ。

結美子　"fidelity" には、「忠誠」という意味がありますが、ピンときません。

雅人　通信分野では、「音を再現する忠実度」という意味もある。高性能スピーカーを Hi-Fi speaker と呼ぶが、これは high fidelity のことなんだ。ちなみに、ハイファイセットという歌手のグループ名もあったね。だから、高性能な「無線 LAN」という意味と思えばよいかな。

信雄　そう言えば、Wi-Fi 認証というのがあると聞いたことがあります。**商標** (trademark: TM) も登録されていますね。

雅人　アメリカに Wi-Fi alliance という業界団体があって、ここが認証を担っているんだ。ここで、認証された無線 LAN だけが Wi-Fi と名乗ることができる。英語では "Wi-Fi certified" となる。

第4章　インターネット

図 4-18　商標登録された Wi-Fi のトレードマーク

しのぶ　面白いですね。ところで、申請しても認証されないということがあるのでしょうか。

雅人　有名なのは、世界的に大ヒットしたニンテンドーDS と DS Lite が Wi-Fi 認証を受けていないことだね。もちろん、最近の製品はすべて認証を受けている。

和昌　そうだったのですか。どうして認証が受けられなかったのでしょうか。

雅人　当時、ニンテンドーが使っていた無線 LAN が規格外だったらしい。とは言っても、認証がないから問題があるということではないがね。

信雄　いまのゲーム機はオンライン対応がほとんどで、Wi-Fi 対応が当たり前ですね。

雅人　ああ、ニンテンドーDSi や DSi LL では、Wi-Fi 認証をちゃんと取得している。

信雄　驚くのは、地下鉄や新幹線でも、無料の Wi-Fi が提供されていることです。

結美子 留学生の友人が、東京メトロはフリーの Wi-Fi があるので、用がなくとも定期で入ってネット通信していると言っていました。すごいですよね。

雅人 確かに、どんどん便利になっているね。ただし、無線 LAN が使えるのは、あくまでも限定されたエリアだ。このネットワークが WAN を通してインターネットにつながっていることがキーだ。

しのぶ しかし、いまのように多くのひとが無線 LAN につなげると通信障害は起きないのでしょうか。

雅人 もちろん、限界はあるよね。だから、無料で Wi-Fi を提供している店舗でも時間制限を課しているところも多い。それに、携帯電話基地局のところでも説明したように、大量の通信量を支えているのは、あくまでも有線ケーブルなんだ。

結美子 それは、よくわかります。やはり、有線は重要ですよね。研究室のプリンターでも、学生が無線 LAN でいっきにアクセスしたら、エラーになることがあります。

雅人 そこで、有線通信についても、現状がどうなっているのか少し見ておきたいと思う。

4.5. 有線ケーブル

雅人 実は、有線通信については、どのような有線ケーブルを

第4章 インターネット

使っているかで整理すれば分類がわかりやすいんだ。

4.5.1. 銅線ケーブル

しのぶ 電話線には、電気を送る電線と同じ銅線が使われていると言われていましたね。

雅人 その通りだ。実は、この電話線を利用してインターネットにもつなげることができる。

銅線

図 4-19 電話線の構造： 銅線が絶縁体で被覆されている。実際の電話線では、複数の銅線や、さらに、ねじり線も使用される。

信雄 送るのは電気信号ですので、電流と同じですね。

雅人 そうなんだ。ここで、大活躍した技術が ADSL だ。

結美子 その方式は聞いたことがあります。

雅人 これは、もっとも普及したインターネット接続方式で、自宅に引いてある電話回線を使うことができるという利点がある。日本は、電話網が整備されており、日本中どこでも電話線にアクセス可能だからね。

信雄 電話線を使ってインターネット接続ができるならば、本

当に便利ですね。

4.5.2.　ADSL 回線

雅人　ただし、電話のアナログ回線と違って、インターネットにつなげる場合には、アナログ信号をデジタル信号に変換する必要がある。ここで、必要になるのが、ADSL モデムだ。

しのぶ　有線 LAN のところでも登場しましたが、電話回線によるインターネット接続にはモデムが必要でしたね。

雅人　モデムというのは MODEM と書く。英語の、"modulator and demodulator" の "mod" と "dem" を使った造語なんだ。

和昌　"modulation" は AM や FM 放送で登場した「変調」のことでしたね。とすると、"modulator" は変調装置で、"demodulator" は、もとに戻す装置という意味ですね。

雅人　日本語では「復調装置」と呼んでいる。まさに、変調された信号を元に戻す機械という意味になる。変調装置 "modulator" は、コンピュータのデジタル信号をアナログ信号に変えることを言う。この信号を電話線で送ればよいんだ。もともと電話線は、アナログの音声信号を送るものだからね。一方、復調装置 "demodulator" は、電話線を通して送られてきたアナログ信号をふたたびコンピュータ用にデジタル信号に戻す操作をする。だから、モデムのことを変復調装置とも呼んでいる。

結美子　インターネット接続のとき、工事が必要だったのは、

164

第4章 インターネット

モデムを設置するためだったのですね。

雅人 さらに ADSL は "asymmetric digital subscriber line" の略で、日本語では「非対称デジタル加入者回線」となる。ただし、基本は、DSL 回線となる。

信雄 "digital subscriber line" つまり、デジタル加入者回線という意味ですね。

雅人 そうだ。もともと電話線は音声を送るために設置されたものだ。そして、前にも紹介したように音声の周波数は 500 [Hz] とそれほど高くはない。一方、データ通信には、それよりも、はるかに高い周波数である MHz オーダーの伝送が必要となる。DSL 技術を使えば、周波数の大きな差を利用して、音声信号もデータ信号も同じ電話線を使って送れるようになる技術のことなんだ。

しのぶ それが DSL 技術ですね。ところで、ADSL は、DSL の頭に "asymmetric" の A、つまり「非対称」を付けていますね。非対称という名称がついているのは、どういう理由なのでしょうか。

雅人 ここでいう非対称とは、**アップロード** (upload) と**ダウンロード** (download) の速度と容量が異なるという意味なんだ。当時のインターネット利用は、ホームページ (website) の閲覧などのダウンロードに使うほうが圧倒的に多かった[18]。だから、ダウン

---

[18] ダウンロードを「下り」、アップロードを「上り」と呼ぶこともある。

165

ロード のほうにより多くの容量を割り振れば、それだけ回線を有効利用できることになる。

信雄　なるほど、それは賢い方法と思います。

4.5.3.　ブロードバンド

雅人　ところで、みんなは**ブロードバンド** (broadband) という言葉を聞いたことがあるかな。

信雄　はい、BB ですよね。Yahoo BB! はかなり宣伝していましたね。世の中のインターネット普及に貢献したと聞いています。

雅人　ブロードバンドとは、高速かつ大容量のデータ通信が可能となるネットワークサービスのことを指している。日本語に訳せば「広い帯域」という意味だ。

結美子　ブロードバンドがあるならば、「狭い」という意味の**ナローバンド** (narrowband) もあるのでしょうか。

雅人　あまり使われないが、もちろんある。ナローバンドのインターネットでは、容量がないから、メールやウェブの閲覧程度しかできなかったんだ。ところが、ブロードバンドの普及により、動画や音声などの豊富なコンテンツが提供されるようになって、インターネットが普及するきっかけとなった。

しのぶ　一方で、今では、一般のひとが自分で製作した動画や音楽をネットにあげることが当たり前になっています。ナロー

からブロードバンドになったことで、双方向のロードが可能になったということですね。

4.5.4. 同軸ケーブル

雅人 ただし、電話回線を使っているだけでは限界がある。なにしろ、搬送に使っているのは高周波の交流だ。電話回線は、高周波搬送用に設計されていないからね。ここで、登場するのが**同軸ケーブル** (coaxial cable) だ。

信雄 同軸ケーブルという名前だけは聞いたことがありますね。LANケーブルに使われていなかったでしょうか。

図4-20 LANコネクタとLANケーブル：ケーブルは複数の銅線からできている。いろいろなデジタル機器の接続に現在も使用されている。

雅人 確かに、LANに同軸ケーブルが使われることがあるが、値段が高いので、家庭内のLANには通常の銅線が複数本入ったものが使われているんだ。

しのぶ 同軸ケーブルとはどのようなケーブルなのでしょうか。

雅人 まず、その構造に大きな特徴がある。同軸ケーブルは図4-21に示すように、中心に1本の銅などの導線があり、その外部に導体を同心円状に巻き、その間を絶縁体で絶縁したケーブルのことなんだ。

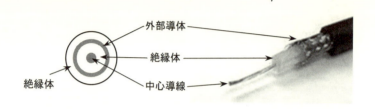

図4-21 同軸ケーブルの構造：この写真（右）の外部導体は銅製の網を巻いている。

結美子 このケーブルならば見たことがあります。これが同軸ケーブルなのですね。外部に同心円状に配した導体が大きな特長になりますね。

雅人 そうなんだ。まず、前にも話したが、われわれの身の回りにはモータや高周波電源など、ノイズとしての電磁波を発生する装置がごろごろしている。この同心円状に配した外部導体は、この電磁波をシールドしてくれる役割を果たす。

和昌 電磁誘導の法則ですね。電磁波は磁場と電場が振動した波です。金属に電磁波があたると誘導電流が流れて、電磁波の侵入をシールドしてくれます。

雅人 その通り。しかも、この外部導体は、中心導線から漏れ

第 4 章 インターネット

出てくる電磁波もシールドしてくれる。デジタル通信に使うのは高周波の交流電流だよね。そして、高周波電流からは電磁波が発生する。すると、交流電流のエネルギーが減衰してしまうんだ。もちろん、ある距離だけ進んだら電気的に増幅するという手法もある。でも同軸ケーブルを使えば、それが軽減できる。

結美子 なるほど、同軸ケーブルを使えば、外部からのノイズをカットしてくれるうえに、搬送波の減衰も軽減してくれるのですね。でも、LAN ケーブルは、よく見ますが、同軸ケーブルはあまり見ませんね。

図 4-22　同軸ケーブルのコネクタの例

雅人 ひとつは、値段が高いことが問題だ。さらに、図 4-22 に示したように、同軸ケーブルのコネクタは特殊な構造をしているので、USB 端子のように簡単に接続できないという問題もある。

4.5.5.　ケーブルテレビ

しのぶ この写真を見て思い出しましたが、このケーブル端子はテレビとアンテナを接続するのに使われていますね。

雅人 そうなんだ。テレビはラジオ放送に比べると、画像信号の容量が大きい。だから、ノイズも小さく、信号の減衰の小さな同軸ケーブルが使われるんだ。

結美子 そう言えば、実家もそうですが、**ケーブルテレビ** (cable television: CATV) が結構、普及していますね。確か、電話やインターネットもケーブルテレビ局で契約していたかと思います。

雅人 まさに、CATV のケーブルに使われていたのが、同軸ケーブルだ。当初は、共同アンテナで受信したテレビ放送を、有線ケーブルを使って各家庭に分配する方式だった。

信雄 確かに、ケーブルテレビというと田舎の共同アンテナというイメージでしたね。

雅人 実は、家庭で利用できるブロードバンドのさきがけが、ケーブルテレビの回線を利用した CATV インターネットだったんだ。商用サービスが始まったときに、わたしもさっそく契約したので覚えている。2000 年よりも前だったね。

和昌 CATV では同軸ケーブルを使っているので、より高速で容量の大きいインターネット通信が可能だったのですね。

雅人 それまでのナローバンドとは違うと営業マンに言われて契約したんだが、確かに画期的だったね。そこで、テレビ放送も電話も CATV に変更したんだ。

第 4 章　インターネット

結美子　そうだったのですか。先生の家では、いまだに、CATV
ですか。

4.6.　光ファイバー

雅人　そうだが、実は、ケーブルが同軸から**光ファイバー**
(optical fiber) に変わっている。なにしろ容量が大きく速いからね。

和昌　どの程度速いのでしょうか。

雅人　ADSL や CATV インターネットでは、下りで 50 [Mbps] 程
度だったものが、光ファイバーでは 1 [Gbps] となる。

信雄　それは画期的ですね。いまでも、テレビの CM でさかんに
「光」の宣伝をしています。光ファイバーケーブルによる通信
のことですね。

しのぶ　光は電磁波の仲間ですよね。そういう意味では電波と
同じなのでしょうか。

雅人　前にも紹介したように、日本の電波法では、電波は 3
[THz] 以下の電磁波としている。つまり、波長では 10 [μm] より
も長い電磁波となる。光の波長は 1 [μm] 以下だから電波とはみ
なされないんだ。

結美子　そうなのですね。光通信は電波とは違うのですね。

171

雅人 電波には分類されない。そのため、光は電波法の規制対象ではないんだ。

信雄 光通信では、光ファイバーケーブルという伝送線を使いますが、その原理はどうなっているのでしょうか。

雅人 光ファイバーというのは、簡単に言えば、透明度の高い石英ガラスやプラスチックからなる繊維のことなんだ。"fiber" は日本語に訳すと「繊維」となる。図 4-23 に示すように、中心部の**コア** (core) と、その周囲を覆う**クラッド** (clad) の二層構造となっている。そして、コアの**屈折率** (refractive index) をクラッドよりも大きくしている。これによって、コアを通る光は、クラッドによって**全反射** (total reflection) されるので、コアに閉じ込められることになる。

図 4-23　光ファイバーの構造

しのぶ なるほど、全反射してくれるので光信号が外に漏れないのですね。すると、遠くまで効率よく信号を送れますね。ところで、全反射は、屈折率の違う物質の界面で起こるのでしたね。

雅人 ああ、そうだ。コアの屈折率がクラッドよりも大きいと、

第 4 章　インターネット

コアを通る光が、図 4-24 のように、この境界面で屈折するが、入射角が小さいと全反射が起こるんだ。

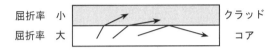

図 4-24　界面における光の透過と反射

信雄　光の反射については、高校の物理でも習いましたね。水面でも光の全反射が起こるのでしたね[19]。

雅人　実際の光ファイバーは図 4-25 のようになっている。1 本 1 本は細い繊維、まさにファイバーで、これを複数本束ねることで光の伝送路をつくっている。

しのぶ　写真を見ると、ファイバーということがよくわかります。とすると、実際の直径はどの程度なのでしょうか。

図 4-25　実際の光ファイバーの写真

---

[19] 実際の光ファイバーでは、コアの屈折率は 1.47 で、クラッドの屈折率は 1.46 程度で、その差は 1% もない。

173

雅人 コアの直径は 8〜100 [μm]、クラッドの直径は 125〜140 [μm] 程度だ。

信雄 それは、細いですね。1 [mm] の 10 分の 1 程度ですか。

雅人 実際には、クラッドのまわりを被覆しているから、実際のファイバーの直径は、140 [μm] よりも太くなる。

和昌 ところで、光ファイバーでは、具体的には、どのようにして信号を送っているのでしょうか。

雅人 光ファイバーによる通信では、電気信号を光信号に変換している。そして、光信号とは、光の点滅を 1, 0 に見立てて情報を送っている。

結美子 光の点滅であれば、簡単に 1, 0 の情報に対応できますね。その場合、点滅の速度が通信速度となるのですね。

雅人 その通りだ。さらに、いまのところ光通信に利用される光は、可視光ではなく、波長が 1.2〜1.5 [μm] 程度の赤外線が中心となっている。これは、コアの石英が赤外線を通しやすいからなんだ。このおかげで、100 [km] あたり 0.1% 以下の低損失となっている。

信雄 それはすごいですね。でも赤外線を使っているのであれば、厳密には光通信とは言えないのではないでしょうか。

第4章　インターネット

雅人　まあ、可視光と赤外線や紫外線も併せて光と呼ぶことも あるからね。たとえば、赤外光とか紫外光と呼ぶ。だから、光 通信でも問題ない。

和昌　ところで、光通信のためには、電気信号を光信号に変え る必要がありますね。つまり、なんらかの変換機が必要になり ます。

雅人　そうだ。これには、**レーザーダイオード** (laser diode: LD) という半導体素子を使う。電流が流れると光を発するダイオー ドだ。発光ダイオードの一種となる。

しのぶ　なるほど、この素子ならば、電気信号を光の信号に変 換できます。1, 0 に対応した電圧を与えればよいのですね。では、 光の信号を電気信号に変えるのはどうするのでしょうか。

雅人　それには、**フォトダイオード** (photodiode: PD) という半導 体素子を使う。光ダイオードとも呼ばれていて、接合部に光を 充てると電流が発生するので光の信号を電気信号に変換できる。

結美子　なるほど、光通信の原理がわかりました。すると、光 通信が究極の通信手段となるのでしょうか。

雅人　いまのところ、容量や通信速度、低損失とすべて優れて いることから、そう言われている。実は、日本の通信サービス の基幹網は 2000 年ごろには、光ファイバー化が進んでいたんだ。 問題は、そこから、各家庭までの間をどうやって光通信にする

175

かだった。これを「**ラスト・ワン・マイル**」"last one mile" 問題と
呼んでいた。

和昌 それが、いまは解決されたということですね。

雅人 そうだね。そして、家庭向けの光ファイバーを使った通
信サービスを FTTH (Fiber to the Home) と呼んでいるが、これが急
速に進んでいる。

信雄 今後の進展はあるのでしょうか。

雅人 デジタル分野の進展は、予想がつかないこともあるから
ね。たとえば、光通信に可視光を使おうという試みがある。こ
れならば、発光素子として一般に普及している LED (light emitting
diode) を発光に使えるからね。

しのぶ そう言えば、先生は、アフリカでは、太陽電池を電源
にして、衛星通信でインターネットにつなげていると話されて
いましたね。

4. 7. 衛星通信

雅人 そうなんだ。アフリカには基地局などないから、インタ
ーネットにつなげるとしたら無線しかない。そこで、登場する
のが**衛星通信** (satellite-based communications) だ。

和昌 確かに、**人工衛星** (artificial satellite) を使って通信ができれ

第 4 章　インターネット

ば、地上の建造物や、地形などの障害物の問題がなくなります
ね。

雅人　サハラ砂漠での通信に使われていたのは、おそらく**イン
マルサット** (Inmarsat) による衛星通信と思う。

信雄　それは国際機関なのでしょうか。

雅人　もともとは、1979 年に設立された国際機関である、**国際
海 事 衛 星 機 構** (INMARSAT: International Maritime Satellite
Organization) が前身の民間企業のことなんだ。

しのぶ　"maritime"「海事」という用語が入っているのは、船舶
用にスタートした組織だったのでしょうか。

雅人　そうなんだ。海上では船舶との通信は無線しかできない。
一般には短波が使われるんだが、通信状態がよくないこともあ
った。そこで、海上の安全向上のために、人工衛星を打ち上げ
て通信を行うことにしたんだ。

結美子　なるほど、衛星ならば海上のどこに居ても通信が可能
となりますね。

雅人　ただし、それほど簡単ではないんだ。まず、地球は自転
している。人工衛星の回転速度が自転速度と異なれば、相対位
置が変化することになる。そこで、まず、打ち上げ位置は赤道
上空とし、地球の自転速度と衛星の回転速度が同期するように

177

操作する。そうすれば、地球から見ると衛星が、決まった位置に静止しているように見える。これを **静止衛星** (geostationary satellite) と呼んでいる。

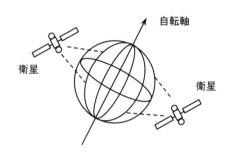

図 4-26 人工衛星による通信：衛星からの電波が届く範囲をカバーできる。

信雄 なるほど、地球が自転しているということを忘れてはいけませんね。図 4-26 を見て気づいたのですが、その場合、地球全体をカバーするためには複数の人工衛星が必要となりますね。

雅人 そうだね。赤道上空の約 36000 [km] の静止軌道上に 4 基の衛星が打ち上げられ、全世界をカバーしていた時代もあった。いまでは 12 基が打ち上げられている。そして、地上とのインターネット通信にも利用されているんだ。

和昌 電波の速度は 30 万 [km/s] ですから、衛星との往復にかかる時間は 0.24 秒ですね。インターネット通信は、個々のユーザーが直接行っているのでしょうか。

第4章　インターネット

雅人　衛星通信用のアンテナがあれば直接通信が可能となる。衛星放送用のパラボラアンテナは見たことがあるよね。あのような感じかな。ただし、**ゲートウェイ** (gateway) と呼ばれる地上局を介して、通信を行うこともある。たとえ、ゲートウェイが災害で壊れたとしても、アンテナと衛星間で通信が可能であれば、連絡が可能であるので、緊急時にも威力を発揮できるんだ。

信雄　なるほど、それはすごい技術ですね。ところで、衛星通信では速度はどうなのでしょうか。

雅人　初期の頃は、数 100 [bps] 程度と遅かったが、いまでは、下りで 50 [Mbps] 、上りで 5 [Mbps] の高速通信が可能となっている。

結美子　それは、すごいですね。衛星ブロードバンドも可能なのですね。

雅人　その通り。最近では、民間企業が参入していて、地上 500〜2000 [km] の高さに 1000 基を超える人工衛星を打ち上げて、地球全土をカバーしているんだ。これを**低軌道衛星** (low earth orbit satellite) と呼んでいる。Space X や Amazon、OneWeb などが参入して運営している。

しのぶ　Space X の社長は、あの有名なイーロン・マスクですね。

雅人　そうだ。ロシアがウクライナに侵攻し、通信設備を破壊したことを受けて、彼は、無料でウクライナに衛星通信を提供

すると申し出たんだ。まさに、Space X の社長だからできた宣言
だね。

結美子　その決断はすごいです。ところで、衛星の高度が低い
と、通信でカバーできる範囲は小さくなりませんか。

雅人　その通りだね。そのために、**衛星コンステレーション**
(satellite constellation) と呼ばれる多数の衛星を連携させて通信す
る運用方法をとっているんだ。衛星電話や GPS (global positioning
system) にも利用されている。GPS を日本語に訳すと、「全地球測
位システム」となる。

4.8.　GPS の原理

信雄　GPS は、いまやいろいろなところに使われていますね。カ
ーナビもそうですが、携帯電話で位置情報を調べるのにも利用
できます。

和昌　そう言えば、カーナビでは、位置決めするために、少な
くとも 3 個の衛星との通信が必要と聞いたことがあります。

雅人　そうだね。それでは、その原理を少し考えてみよう。い
ま、われわれが得られる情報が衛星と車との距離としよう。

しのぶ　電波の速度は、光速 c の 3×10^8 [m/s] と一定ですので、
電波の往復する時間 $2t$ から距離 r を、$r = ct$ によって決めること
はできますね。

180

第4章　インターネット

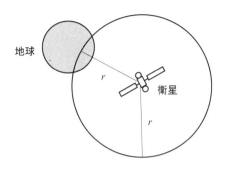

図 4-27　衛星から距離 r が一定の位置は、衛星を中心とする半径 r の球面上の1点となる。

雅人　このとき、衛星から見れば、距離 r を半径とする球面上の1点に車があるということを意味している。

信雄　はい、それもわかります。ただし、これでは、地球のかなりの部分が該当するので、位置は決められませんね。

雅人　そこで、衛星を3個使うんだ。すると、3個の衛星からの距離がわかれば、地球上の1点を指定することができる。これを**3 辺測量** (trilateration) と呼んでいる。

和昌　なるほど、この方法ならば確かに位置決めができますね。

雅人　実際には、もう1個の衛星も使って、合計4個の衛星からの情報を使って、より正確な位置情報を得ているんだ。いまでは精度は 1 [m] 以内と言われている。

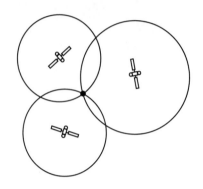

図 4-28 3 辺測量法: 3 個の衛星からの距離がわかれば、地球上の 1 点を指定することができる。

結美子 4 個目の衛星は必要なのでしょうか。

雅人 衛星はものすごい速度で地球のまわりを周回している。だから、距離をどの時間に測定したかという情報も必要となる。ただし、時間の誤差は生じる。だから、4 個目の衛星も使って精度を上げているんだ。

しのぶ なるほど。ところで、地球全体を網羅するためには、かなりの衛星が必要となるのではないでしょうか。

雅人 実際に測定に使われているのは、高度 2 万 [km] で 24 個の衛星だ。ただし、予備衛星を含めると 31 個の衛星が打ち上げられている。

和昌 それは、すごいですね。

第4章　インターネット

雅人　最初に GPS 衛星が打ち上げられたのは 1978 年だが、1983 年までアメリカの軍事機密だったんだ。ところが、1983 年の大韓航空機墜落事件をきっかけに、当時のロナルド・レーガン大統領が GPS の一部の機能を民生用に無料で開放することを発表したんだ。英断だね。

しのぶ　なるほど、それまでは軍用技術で、一般には秘密の技術だったのですね。

雅人　そうだね。しかも最上級の機密事項だったんだ。GPSを使えば、敵の軍隊の行動や配置が一目瞭然だからね。さらに、敵をピンポイントで攻撃できる。

信雄　でも、GPSの民生利用はあっという間に広がりましたね。いまでは、携帯に電源が入っていれば位置が特定できるので、子供の安全や徘徊老人対策に使われています。

雅人　今後も、GPSの応用範囲はどんどん広がっていくだろうね。

和昌　ところで、日本とアメリカは陸続きではありませんね。とすると有線ケーブルをつなぐことはできません。やはり衛星通信がメインなのでしょうか。

4.9.　海底ケーブル

雅人　いまや世界中の通信がつながっているよね。ヨーロッパともアフリカともつながっていて、瞬時にやりとりができる。

日本はまわりを海で囲まれている島国だから、特に、海外との
やり取りは重要になる。そして、実は、そこで活躍しているの
は有線ケーブルなんだ。

結美子　海の上にはケーブルがないですから、海底を通してい
るということでしょうか。

雅人　そうなんだ。いまやインターネットなどの通信を支えて
いるのは、光ファイバーからできた**海底ケーブル** (submarine
cable) なんだ。

和昌　しかし、海底ケーブルと言っても日本の近海には水深
10000 [m]の深い海もあります。そこは大丈夫なのでしょうか。

雅人　もちろん、海底と言っても平坦ではない。陸上よりも凹
凸が激しいところもある。ただし、海底ケーブルの敷設は歴史
が長く、最初は 1851 年のことだ。もちろん、当時は、光ファイ
バーケーブルではなく、銅線のケーブルだがね。

しのぶ　グラハムベルによる電話の発明が 1876 年ですから、そ
の前ですよね。

雅人　ああ、日本は江戸時代だ。このケーブルは、電話用では
なく、モールス信号などの電信用だったらしい。ただし、当初
はかなり苦労したようで、結構、切断事故もあったらしい。

信雄　日本の第 1 号はいつ頃だったのでしょうか。

第4章 インターネット

雅人 意外と早くて1871年のことだ。ただし、日本が敷設したのではなく、デンマークが長崎と上海間に引いたものだ。

しのぶ それでも、早いですね。確かに、海底ケーブルには、歴史はありますね。でも具体的には、どうやって敷設しているのでしょうか。

雅人 もちろん船を使う。海底ケーブル敷設船という専用の船を利用して、陸から延びているケーブルを沖合でつなぎながら、図4-29のように、ゆっくりと海底にたらしていくんだ。

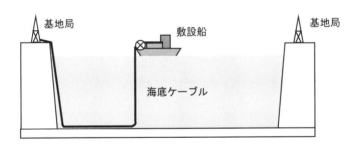

図4-29 海底ケーブルの敷設：海底ケーブル敷設船がケーブルをゆっくり沈めながら、海底に敷設していく。

結美子 原始的な方法に見えますが、これしか方法はないですよね。

雅人 もちろん、海の中の環境は過酷だよね。深いところでは水圧も高いし、潮の流れで海底の岩にケーブルがこすれることもある。逆に、浅い海ではサメや魚にかじられたり、船の錨や

網にひっかかることもある。だから、常にメインテナンスは欠かせないんだ。

しのぶ ケーブルが切れたときはどうするのでしょうか。

雅人 切れた場所まで船でいって、ケーブルを引き上げ、修理して、ふたたび海に戻すんだ。それしかない。

和昌 それでは、維持も大変ですね。とすると、海底ケーブルは、あまり普及していないのではないですか。

雅人 それがまったく違うんだ。世界中の海に海底ケーブルが張り巡らされている。なにしろ、インターネットの急拡大で通信ケーブルはいくらあっても足りない。国際間の通信も当たり前だ。ちなみに、日本近海の海底ケーブル敷設の状況を図 4-30 に示している。

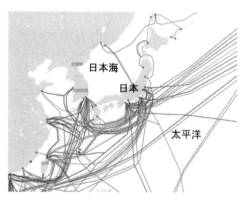

図 4-30 日本近海に敷設されている海底ケーブル

第4章 インターネット

信雄 これはすごいですね。この図を見ると、日本国内の通信にも海底ケーブルが使われているのですね。

しのぶ そうですね。日本は海に囲まれているうえ、北海道、本州、四国、九州は海に隔てられていますよね。だから、有線とするには、海底ケーブルが必要なのですね。

雅人 まさに、その通りなんだ。最近では、Google などの民間企業が自前で海底ケーブルを敷設している。インターネット通信の、まさに要所だからね。

結美子 そうなんですか。意外でした。

4.10. インターネット

雅人 それでは、いよいよ**インターネット** (the Internet) 本体の話をしようと思う。みんなにとっては、インターネットがあることは当たり前の話だよね。ところが、2000 年以前は、そうではなかった。

信雄 僕らにとっては、インターネットの存在は当たり前で、それがない世界を想像するのは難しいです。

雅人 それでは、まず、定義からいこうか。インターネットとは「複数のコンピュータを相互接続し、地球規模で情報通信を行う情報網」のことを指している。省略してネットと呼ばれている。

しのぶ　英語で "the Internet" と "the" がつき、"I" が大文字になっているのは、唯一無二の存在だからでしょうか。

雅人　そうなんだ。インターネットは世界に1個しかなく、世界中のユーザー全員が、ひとつのインターネットを利用しているんだ。

信雄　ところで、インターネットはだれが発明したのでしょうか。

雅人　それは、難しい質問だね。もともと、コンピュータ間をつなげるという発想はいろいろなところであったし、実際に、離れた研究所間でも通信しようという試みはあった。ただし、いまのインターネット隆盛のきっかけになったのは**ワールドワイドウェブ** (world wide web) の構築だと思う。

結美子　それは、WWW のことでしょうか。"Web" は蜘蛛の巣という意味でしたね。

雅人　そうだ。世界全体にわたる蜘蛛の巣のような網つまりネットワークのことを指す。実は、この構想は、1990 年に CERN（欧州合同原子核研究機関）で始まったものなんだ。高エネルギー物理学の研究機関で、スイスとフランスの国境をまたぐ巨大な円形加速器が設置されている。

結美子　とすると、WWW がインターネットなのでしょうか。

第4章　インターネット

雅人　そう思っているひとも多いよね。たとえば、WWWの最後のwebを使ってウェブサイトと呼んだり、インターネットそのものをウェブと呼んだりしている。ただし、インターネットとは、コンピュータネットワークを相互に結んで、世界規模で、電子メールやデータ交換ができるようにしたネットワークのことなんだ。WWWは、標準的な情報提供システムのひとつという位置付けになる。

しのぶ　インターネットでは、TCP/IP という標準化された通信規約つまりプロトコールがあると聞きました。

雅人　プロトコールは、英語で "protocol" で、議定書と訳されることもある。有名な京都議定書は "Kyoto protocol" となる。TCP/IP とは "transmission control protocol/ Internet protocol" の略で、インターネットだけでなく、企業の LAN などでも使われている通信規則のことだ。1960 年にアメリカの**国防総省** (Department of Defense: DOD) が開発し、その後、大学や研究機関が採用したことで、世界規模のネットワーク接続にも標準規則として使われるようになったんだ。

和昌　なるほど、そうすると、TCP/IP が標準的なプロトコールとなるのですね。それでは、WWWはなんなのでしょうか。

雅人　TCP/IP にしたがって、**ウェブサーバ** (web server) と**ブラウザ** (browser) を完成させ、世界ではじめて**ウェブページ** (web page) を公開したことが大きな功績となる。

信雄　ウェブサーバというのは、データ送信用のコンピュータのことですね。そして、ウェブページとは、インターネット上で公開される画像や文書のことでしたね。

雅人　そうだ。そしてブラウザというのは、ウェブページを閲覧するためのソフトのことを言う。マイクロソフト社の**インターネットエクスプローラ** (Internet Explore: IE) が有名だよね。

和昌　ブラウザとしては、いまは、**グーグルクローム** (Google Chrome) のほうが有名となりましたね。

雅人　そうだね。Chrome は Windows、macOS、iOS、Linux、Android に対応しているから、汎用性が高い、だから世界シェアも一番だ。わたしは、初期のころから、ずっと IE を利用していたんだが、セキュリティの問題でサービスが終了すると言われていたので、Chrome に変えた。ついに 2022 年に IE の終了が宣言された。

信雄　Windows も OS をどんどん更新していますが、前よりもひどくなるときもありますよね。

雅人　ユーザーに事前の連絡なく、いきなり数式ソフトが消えたときは、困ったよ。ところで、インターネットにおいて、いまの WWW が隆盛なのは、標準規格として URL、HTTP、HTMLが広く浸透したことにある。

しのぶ　URL というのは、インターネットの住所のようなもの

第 4 章　インターネット

でしたね。

雅人　そうだ。URL は "universal resource locator" の略で、ウェブサーバの識別名やファイルの所在を指定するので、住所と同じだね。だから、アドレス "address" とも呼ばれるんだ。

和昌　HTTP は URL を表示するときに、頭についていますね。

雅人　HTTP は "Hypertext Transfer Protocol" の略で、通信規約のことだ。世界中のひとがインターネットを利用しているが、スマートフォンや PC などのいろいろな機器から接続しているし、PC でも Windows や MacOS、Linux など、いろいろな OS (operation system) を使っている。もし、機種や OS によって接続方法が異なっていたのでは面倒だ。そこで、HTTP という標準規約をつくって、インターネットの利用環境が異なっても、同じ手順でウェブページのデータを閲覧できるようにしたんだ。

信雄　なるほど、それは、とても便利ですね。もし、HTTP という標準規約がなく OS のように混在していたら、確実に混乱していましたね。

結美子　ところで、URL の頭には、http と https の 2 種類がありますが、なにが違うのでしょうか。

雅人　両方とも通信規約なんだが、HTTPS の最後の S は "secure" の略なんだ。「安全な」という意味だ。HTTPS では、SSL (Secure Socket Layer) という暗号処理技術を利用して安全性を高めている

191

んだ[20]。

結美子　具体的にどのような処理なのでしょうか。

雅人　通信する際に、決められた鍵をつかって通信内容を暗号化する処理だ。この鍵がないと暗号が解除できないので、通信内容を第三者に不正に取得されることを防げるんだ。

和昌　オンラインショッピングでクレジットカードを利用する際には、SSL 処理が必要なのですね。

雅人　その通り。だから、http と https では安全性が異なるということを認識しておく必要がある。

しのぶ　ウェブで HTML 文書という言葉がよくでてきますね。

雅人　これは、"Hyper Text Markup Language" の略で、ウェブページをつくるためのマークアップ言語のことなんだ。**マークアップ (Markup)** とは、雑誌や新聞の編集用語で、文章構成の指示のことを言う。

結美子　文章に注釈をつけるというイメージでしょうか。

雅人　そうだね。たとえば、見出しとして表示したい場合には \<head> マークアップ \</head> とすれば、「マークアップ」が見出

---

[20] 正式には TLS (Transport Layer Security) であるが、慣例で SSL を使う場合も多い。SSL/TLS と表記する場合もある。

192

第4章　インターネット

しの字体で表示されるといったようなものだ。<○○> を HTML
タグと呼んでいる。

信雄　なるほど。編集作業を指示するようなものですね。つま
り HTML 文書は、この編集注釈のついた文書なのですね。

雅人　そうだ。そして、ブラウザは、ウェブサーバから HTML
文書を受け取り、われわれが閲覧可能なページとして表示して
くれるんだ。

しのぶ　HTML 文書では、画像も表示できるのですね。

雅人　さっきは見出しについて紹介したが、<img> というタグを
使えば、画像表示も可能となる。

和昌　なるほど、HTML 文書はちょっと見ただけでは意味不明で
すが、このような形式化された文書なので、それをブラウザが
認識して表示するのですね。

雅人　そう。ただし、WWWが急速に拡大したのは、**検索エンジ
ン** (search engine) が開発されたことも大きいと思う。適当なキー
ワードを入れれば、目的としたウェブサイトにたどり着ける。

信雄　確かに、便利な機能ですね。Yahoo や Google が**ポータルサ
イト** (portal site) として有名です。

雅人　日本語では、ネット検索することを「ググる」と呼ぶが、

これは、Google を模擬した俗語だ。

しのぶ ところで、ポータルサイトというのは、インターネットの入口にあたるウェブサイトのことですよね。

雅人 そうだね。もともと英語の**ポータル** (portal) には、玄関や入口という意味がある。ポータルサイトから、インターネットに入って、サーチエンジンで検索すれば、目的のウェブサイトにすぐにたどり着ける。これは、大変便利なツールだ。

結美子 そう言えば IP アドレスもありますね。URL と何が違うのでしょうか。

雅人 URL は WWW つまりウェブのなかのウェブサイトのアドレスになる。IP アドレスとは、ネットワークにつながっているコンピュータの識別番号のことなんだ。

信雄 そもそも IP とは何なのでしょうか。確か、TCP/IP にも出てきますよね。

雅人 IP は "Internet Protocol" の略で、インターネット上でコンピュータ同士が通信を行うために定められたプロトコール (protocol) つまり通信規約のことなんだ。そして IP アドレスとは、インターネット上のコンピュータや接続機器を識別するための番号のことなんだ。

和昌 URL はウェブサイトのアドレスで、IP アドレスはコンピ

第 4 章　インターネット

ュータやスマートフォンの識別番号のことなのですね。

雅人　そうだ。インターネットでページを閲覧したり、メールの送受信を行うには、データの送信元や送信先を識別しなくてはいけない。この識別に使われる番号が IP アドレスだ。ネットワーク上でデータを送受信する際、通信相手を指定するために使われている。

結美子　しかし、いまやインターネットは世界中に広がっています。IP アドレスは大丈夫なのでしょうか。

雅人　実は、IP アドレスの枯渇問題が実際に起きている。いま使われている IP アドレスは、0〜255 の数字 4 組の番号を割り振る「IPv4」"Internet Protocol version 4" というプロトコールを採用している。

信雄　たとえば、173.19.252.1 などの並びですか。

雅人　そうだ。ただし、コンピュータなどのデジタル機器が認識するのは、下のような、2 進数で表現した 4 個の数字の組合せとなる。

10101101.00010011.11111110.00000001

しのぶ　なるほど。これは、8 ビットつまり 1 バイトに相当する数字 4 個に対応しているのですね。つまり、それぞれが $2^8 = 256$ 個の情報だから、10 進数では 0 から 255 までの数字ですね。

195

結美子 とすれば、割り振りできる IP アドレスの総数は、$2^8 \times 2^8 \times 2^8 \times 2^8$ となりますから、結局、2^{32} となり、約 43 億通りの組合せが可能です。つまり 32 ビットということになります。

雅人 その通り。IPv4 を始めた当初は、これだけあれば十分足りると思われていたんだ。しかし、スマホや IoT が爆発的に普及しインターネット需要が拡大した今、使用できる IP アドレスの数が追いつかなくなってきている。

しのぶ 世界の人口が 81 億ですし、先進国では、ひとりで何台もの PC やスマートフォンを持っていますから、確かに 43 億では足りないのですね。

雅人 そこで新たに取り決めたプロトコールが「IPv6」"Internet Protocol version 6" だ。このアドレスは 128 ビットなので、2^{128} 個のアドレスができる。

結美子 すると、43 億×43 億×43 億×43 億ですから、実質的には制限がないのと言ってもよいですね。

雅人 ただし IPv6 のアドレスを利用するには、インターネット回線が IPv6 に対応していることなどいくつか条件があり、普及はそれほど進んでいないんだ。とは言っても、アドレスが足りないのだから、今後は、確実に、その利用が進んでいくと思うよ。

第4章　インターネット

4.11.　電子メール

和昌　ところで、**電子メール** (electric mail; e-mail) はインターネットとどういう関係にあるのでしょうか。

雅人　いまでは、インターネット経由で電子メールを送ることが普通だが、実は、もともとは、別のものだったんだ。

信雄　電子メールは、メールサーバを経由して、ユーザーがメッセージや添付ファイルを交換するシステムですよね。インターネットとよく似ていますね。

雅人　ただし、電子メールは、インターネットが普及する前に、すでにコンピュータの通信手段として、普及していたんだ。いわゆるパソコン通信だ。プロバイダが提供するパソコン通信システムに加入した者同士で文書をやりとりするシステムが、電子メールとして提供されていた。

しのぶ　それは、いわば閉じたシステムだったのですね。

雅人　そうだ。わたしは、1990 年に NIFTY-serve に加入したのだが、加入者どうしでの通信しかできなかった。それでも、画期的なシステムだったし、研究者仲間での情報交換の場だったから、不便は感じなかったね。PC-VAN という NEC が運営しているプロバイダもあって、数学や物理の同好者がコミュニティを形成していたね。

結美子　他の通信サービスのシステム間では、いっさいやり取りはできなかったのでしょうか。

雅人　ああ、そうだ。ただし、PC-VAN と NIFTY-serve は、その後 1992 年に相互通信ができるようにしたんだ。

しのぶ　それでも、いまに比べれば、かなり不便でしたね。

雅人　いや、そうでもないね。いまのように毎朝、メールを整理する必要もないし、なによりセキュリティを心配する必要がなかったからね。いまの世界のメールの 90% 以上が**スパムメール** (spam) で、その中には、ウィルスを忍び込ませようという**マルウェア** (malware) も潜んでいる[21]。

和昌　迷惑メールってそんなに多いんですか。確かに、携帯電話には、毎日いらないメールが届きますね。なるほど、そういう視点もありますね。

雅人　その後は、インターネットの急速な進展とともに、電子メールもインターネットを介して、やり取りされるようになっていったんだ。

結美子　その際、WWW の HTTP のような通信規約ができたのでしょうか。

---

[21] スパムメールとは大量に送り付けられる迷惑メールのことで、SPAM という缶詰の商品名を、無駄に連呼するコメディから生まれた用語とされている。英語では、単に spam あるいは e-mail spam と呼ばれている。

第4章　インターネット

雅人　まさに、そこがポイントだね。実は、SMTP というプロトコールがあるんだ。"Simple Mail Transfer Protocol" の略で、インターネットで電子メールを転送するための通信規約のことを指す。ユーザーがサーバにメールを送信したり、サーバ同士がメールをやり取りする際に用いられるものだ。

しのぶ　なるほど、標準規約ができたというのが重要ですね。

雅人　ただし、メールサーバから、メールを取得する際の規約は別にあって、POP と IMAP の 2 種類がある[22]。それぞれ "Post Office Protocol" と "Internet Message Access Protocol" の略だ。

結美子　電子メールの場合、送信と受信で規約が別なのですね。ところで、POP と IMAP になにか違いがあるのでしょうか。

雅人　IMAP では、サーバ上にメールを残したまま管理できる。一方、POP では、メールや添付ファイルはデバイスにダウンロードされ、サーバからは削除される。

信雄　サーバに残っているほうが便利のような気がします。

雅人　そのため、スマートフォンや携帯電話などでは IMAP を採用している。一方、POP では、メールサーバに余計な負担をかけないし、メールはデバイスに保存されるので、インターネット

---

[22] POP は現在は ver 3 であるため、POP3、つまりポップスリーと呼ばれている。一方、IMAP はアイマップと読む。ちなみに、いまは IMAP4 である。アイマップ・フォーと呼んでいる。

に接続していなくとも、メール管理ができる。

しのぶ サーバに負担をかけないということは大事ですね。不要なメールを削除せずに、サーバに残していて容量オーバーとなるひとが結構居ます。

信雄 いまは、スパムメールが多いので、削除しないとあっという間にサーバがいっぱいになりますよね。友人からメールが届かないと連絡があり、故障かなと思っていたら、容量オーバーということがありました。

雅人 電子メールがインターネットで使えるようになって、とても便利になったんだが、その中でも、わたしが驚いたのが**フリー・メール** (free mail) の登場だ。

和昌 フリー・メールとは何でしょうか。

雅人 そうか。みんなの時代は、もう電子メールは無料が当たり前か。かつては、電子メールを利用するためには、プロバイダに加入して料金を払い、メールアドレスを貰うのが当たり前だったんだ。ところが、1997 年ごろから無料サービスが出現した。Hotmail が最初だ。

しのぶ わざわざお金を払っていたのですね。わたしたちは、大学に入ったら、すぐにメールアドレスを貰えましたし、携帯を買えばメール設定するのが当たり前でしたね。

第4章　インターネット

雅人　当時は、先進国以外では、それほど自由に電子メールは使えなかったんだ。一方で、研究者にとっては、メールが必須のアイテムとなりつつあった。このため、後進国の研究者にフリー・メールがあっという間に広まったんだ。

結美子　なるほど、有料から無料になったのなら、世界中のひとが使うようになりますね。

雅人　ただし、大きな問題もあった。コンピュータウィルスの拡散だよ。無料メールでは、セキュリティが不十分だったり、使用者の無知もあって、ウィルスが拡散することになったんだ。当時は、フリー・メールは開けないようにというお達しが出たほどだ。

和昌　そういう問題があったのですね。現在でもメールによるマルウェアの拡散が問題になっていますね。

雅人　ウィルス対策ソフトも充実しているが、その網の目をくぐり抜けて、侵入するものもある。結構、いたちごっこなんだ。

しのぶ　OS を含めたアプリケーションでは、毎日のように**脆弱性** (vulnerability) が見つかったと連絡があり、更新プログラムが送られてきますね。

結美子　ところで、仲間内での連絡では電子メールは使わずに、SNS がメインになっていますね。

4.12. ソーシャル・ネットワーキング・サービス

雅人 確かにそうだね。SNS とは "social networking service" の略で、登録された利用者どうしが交流できるウェブサイトの会員制サービスのことだ。いまや、会社や組織の連絡や広報にも利用されているよね。

結美子 利用が会員だけに限定されていると安心です。これは、先生が昔使っていたパソコン通信に似ていますね。

雅人 不特定多数のひとがアクセスできるサイトと違って、仲間どうしのコミュケーションならば確かに安心できるよね。メールのように、マルウェアを仕込まれる心配もない[23]。

和昌 メールと同じようなメッセージ機能やチャット機能があるので、とても便利です。

信雄 仲の良い友人だけで、情報やファイルを交換できるので重宝しています。

しのぶ わたしのイメージでは、SNS と言えば、LINE ですね。高校時代に友達同士で LINE でチャットをしていました。家族とも LINE で連絡が当たり前となっています。

---

[23] 知り合いどうしの空間であるという安心感を利用した詐欺やウィルス配布も登場している。アカウントの不正利用もあり、友人が引用することで、書き込んだ情報がインターネットに拡散される事例も発生している。最近では、名誉棄損で訴えられたケースもある。

第4章　インターネット

雅人　実は、日本ではユーザーが9500万人とLINEがいちばん人気なんだ。若年層から年配層まで幅広いユーザーが利用している。携帯電話などのモバイル機器で、気軽に連絡を取り合えるのが人気の理由だと思う。家族間といった身近で親しい間柄でのコミュニケーションツールとして定着しているね。

結美子　はい、わたしも同級生や家族との利用がメインです。

雅人　実は、LINEは2011年の東北大震災で、電話やケータイが不通になったのが、開発のきっかけと言われている。

信雄　なぜ、LINEは災害に強いのでしょうか。

雅人　まず、災害が起きると、安否確認などで通信が急に増えるよね。回線が取り扱える通信の量は決まっているので、この限界を超えると回線がダウンしてしまうんだ。つまり、処理できない通信が増える。

しのぶ　それはわかります。そのため、通信業者は一般の通信を制限すると聞きました。災害対策や救援用の通信を優先するのは当たり前ですからね。

雅人　場合によっては、90%の通信が制限されるときもあるようだ。これでは、一般のひとはつながらないよね。一方、LINEなどでは**パケット通信** (packet communication) という方式を使っているんだが、災害時には、通話は制限されても、パケット通信は制限されないようなんだ。

信雄 同じ回線を使っているのではないでしょうか。

雅人 実は、通話の場合には、双方向だから回線を占有してしまうんだ。一方、パケット通信では、データをパケットという細切れの単位にして送れるため、回線を有効に使えるという特徴がある。"packet" とは「小包」のことだ。

結美子 そのため、災害時に通話は制限しても、パケット通信は制限しないということですね。つまり、ひとつの搬送路があったら、通話では占有してしまうのに、パケットでは、いろいろな小包を積めるということですね。

雅人 その通りなんだ。しかも、小包なので、ひとつの回線がパンクしても迂回路を通って送れるという利点もある。実は、Skype もパケット通信なので災害に強いらしい。ちなみに、LINE を含めたメジャーな SNS を表 4-3 にまとめている。

表 4-3　主な SNS と日本でのユーザー数や特徴

SNS	ユーザー数	ユーザー傾向	特徴
LINE	9500 万人	全世帯、幅広い	メッセージやチャット
X (旧 Twitter)	6745 万人	平均年齢 35 歳	短文、タイムライン、ハッシュタグ
Instagram	6600 万人	10 代と 20 代	写真がメイン、アクティブユーザー
Facebook	2600 万人	20 代と 30 代	フォーマルな場
TikTok	1700 万人	10 代と 20 代	15 秒以下の動画
Pinterest	870 万人	20 代、30 代女性	写真、画像がメイン

第4章　インターネット

しのぶ　インスタグラム "Instagram" は写真が中心ですよね。よく、若い女性が画像や映像をアップしています。

和昌　インスタ映えするかどうかが投稿の基準と聞きました。急激に伸びている SNS ですね。

雅人　ツイッター "Twitter" は「小鳥のさえずり」という意味で、投稿の字数を 140 文字以下に抑えているのが特徴だ。ただし、いまはイーロンマスクに買収されて、X という名称に変わっている。IT 企業の変化は本当に激しいよね。

信雄　X（旧 twitter）は時系列で投稿が、どんどん流れてくるタイムライン画像となっているので、開くと常に更新されていますよね。少し目を離すと、新しい投稿が入っています。

雅人　そのために、いま起きている現象に対するリアクション投稿が多いんだ。リアルタイムで何が起きているかを知るには優れているよね。

結美子　確か、X は、アメリカのトランプ元大統領が多用したことで有名になりましたね。荒唐無稽な投稿が多いので、最後はブロックされていましたが。

雅人　X は、短めのショートメッセージが特徴なので、移動中でも書けたり、読めたりするという手軽さが受けているよね。

しのぶ　フェイスブック "Facebook" はハーバード大学が起源で

すよね。

雅人 そうだね。2004年にハーバード大の学生だったザッカーバーグが始めたものだね。SNSは匿名での投稿が基本だが、フェイスブックは、実名表記が基本となっている。だから、ユーザー間の交流も、実社会で関わりのある知人同士が多いんだ。

結美子 確かに、そうですね。そのため、他のSNSに比べて信頼性の高い投稿が多いという印象です。

雅人 ユーザーも年齢層が高めになっている。オフィシャルな情報発信の場として使われている。

しのぶ ところで、YouTubeはどうなのでしょうか。SNSの一種なのでしょうか。

雅人 YouTubeは、インターネットで動画を共有するためのサービスだよね。だから、SNSとは性質が違うかな。会員制でもないから、ユーザー数も把握できないけど、YouTubeを見ているひとは、かなりの数に昇るよね。

図4-31　YouTubeのトレードマーク

和昌 その影響力はテレビ以上と言われていますね。

第4章　インターネット

雅人　確かにそうだね。YouTuber と言われる、動画をアップして広告収入を得ている有名人もかなり居るよね。

信雄　冒頭でも話題になりましたが、YouTube で世界的なスターになったひとたちもたくさん居ます。

雅人　このように見ると、インターネットの影響がかなり大きいことがわかるね。そして、SNS や YouTube のように、インターネットで広がるビジネスチャンスは山のようにあるが、一方で、負の側面もたくさんある。まさに、諸刃の剣なんだ。そのことを常に念頭において、インターネットを賢く使う必要がある。

第5章 デジタル・トランスフォーメーション

雅人 デジタル技術 (digital technology) や IT (information technology) 技術の進展によって社会が大きく変わりつつあるのはみんなも実感していると思う。このような時代において、政府、企業、大学など、多くの機関が**デジタル・トランスフォーメーション** (digital transformation) の導入を検討しているんだ。

しのぶ 確かに、デジタル・トランスフォーメーションと言う言葉はよく耳にしますが、その意味がよくわかりません。デジタル技術に関連しているということはわかります。

雅人 それでは、まず、その起源から確認してみよう。もともとデジタル・トランスフォーメーションは、スウェーデンのストルターマン教授 (Erik Stolterman) によって 2004 年に提唱された概念なんだ。そして、その定義は、「**デジタル技術や IT 技術の浸透によって、人々の生活が豊かになること**」とされている。

和昌 それならば、ごく当たり前のことですね。

信雄 ところで、"digital transformation" の略語がなぜ "DT" では

208

第 5 章 デジタル・トランスフォーメーション

なく、"DX" なのでしょうか。この X を使う意味がよくわかりません。

雅人 まず、"transformation" の "trans" には「交差する」という意味がある。そして、交差に対応した文字として X がよく使われる。"cross" のほうがなじみがあるがね。さらに、"DT" としたのでは、科学用語やコンピュータ用語など数多くの意味があるため、差別化の意味で DX にしたと言われている。

結美子 なるほど、そういうことなのですね。こういう用語は、早い者勝ちですよね。

雅人 現在、DX は、企業はもちろんのこと、教育界においても大きな注目を集めているんだ。

信雄 オンライン授業もその一環なのでしょうか。前から、**e-ラーニング** (e-learning)[24] や電子黒板などの**エドテック** (EdTech) も話題になっていましたね。

5.1. エドテック

雅人 エドテック：EdTech とは、**教育** (Education) と**テクノロジー** (Technology) を組み合わせた造語で、教育領域にイノベーションを起こすビジネス、サービス、スタートアップ企業などの総

---

[24] ICT 技術を活用し、インターネットを利用して教師と学生間のインタラクティブな交流を可能とする学修方式です。

称なんだ。

しのぶ そうなのですね。教育のデジタル化を進めるためのツールのことだと思っていました。

雅人 ○○×Tech という言葉はいろいろな分野で使われている。デジタルや ICT (information and communication technology) つまり情報通信技術を既存産業に掛け合わせることで新しい価値を生み出すことを意味している。たとえば、金融 (finance) 分野での FinTech（フィンテック）は有名だよね。この他、医療分野の MedTech（メドテック）、農業分野の AgriTech（アグリテック）など多数ある。これらも一種の DX だ。

和昌 国の予算もついているのでしょうか。

雅人 文部科学省は、2020 年までにすべての小・中学校で 1 人 1 台のタブレット端末の導入を目指すという指針を発表している。後に紹介する GIGA スクール構想だ。残念ながら、まだ 1 人 1 台は達成されていないが、急速に教育現場へ ICT 技術の導入が進んでいるのも確かだ。

しのぶ そう言えば、2018 年に経済産業省が「未来の教室」構想を立ち上げ、EdTech 研究会も発足していますね。

雅人 そうなんだ。このため、民間の投資もさかんになってきている。2023 年の EdTech 市場は 3000 億円と言われている。ただし、世界はもっとすごくて 10 兆円と言われている。

第 5 章　デジタル・トランスフォーメーション

和昌　世界はすごいですね。一方、日本を見ると、小中高も、大学も EdTech が十分機能しているようには見えないですね。

雅人　実は、そうなんだ。それを皮肉って、100 年前の教員が教壇にたっても、いまの教師が務まると言われている。それだけ、教育内容が変わっていないということだ。

しのぶ　ただし、教育の基本である読み書きそろばんは、今も昔も変わらないのではないでしょうか。

雅人　その通りだね。学問には、不易（ふえき）と流行（りゅうこう）があると言われている。不易とは「変えてはいけないもの」という意味だ。読み、書き、そろばんがそれに相当する。アメリカでも 3R's と言って、reading, writing, arithmetic は学問の基本として 100 年たっても変わらない。

結美子　流行というのは、社会の変化にともなって「変わるべきもの」と言う意味でしょうか。

雅人　その通りだ。実は、不易流行は有名な芭蕉の言葉なんだ。不易は俳句の基本で変わらないもの、流行は、その時々の新風のことだ。もちろん、学問には基礎となる不易もあるが、一方で、流行のように社会の変化にともなって変わる必要があるものもある。教育手法も変化すべきもののひとつだと思う。せっかく便利な教育ツールがあるのだから、それを積極的に使うべきと思う。

信雄 確かに、コンピュータやインターネット、さらに e-learning などの便利なツールが、どんどん生まれていますね。ただし、それをうまく使いこなしている先生は少ないという印象です。

しのぶ これらツールを教育現場でうまく使いこなすことが、教育の DX のひとつなのではないでしょうか。

雅人 そうなんだ。トランスフォーメーションと聞くと、大がかりなシステムを導入し、高度なソフトを使いこなせないと対応できないというイメージがある。このため、多くのひとは敷居が高いと感じているが、身近にある便利なデジタル技術を、うまく教育に取り入れることも、立派な DX なんだ。隗より始めよだね。

信雄 身近と言えば、**仮想現実** (virtual reality: VR) や**拡張現実** (augmented reality: AR) が当たり前のように、ゲームの世界では取り入れられていますね。AR を利用したポケモン Go などは有名です。

雅人 実は、海外では、VR を教育にどんどん取り入れている。実験方法の基礎技術を学ぶ訓練には VR はとても有効だ。

結美子 なるほど、VR で実験技術を学べるわけですね。確か、飛行機の操縦訓練も VR でできると聞きました。

第5章 デジタル・トランスフォーメーション

雅人 実際に実験をするとなると、設備や準備に時間もコストもかかるし、一度に大勢のひとが実験装置を使えないから、待ち時間も無駄になる。ところが、VRならば場所も時間も選ばずに自分のペースでできる。VRを利用した学生が、ピペットの操作がうまくなったと喜んでいたよ。

図5-1 仮想現実：VR (virtual reality) を利用したバーチャル実験。危険で普段はできない実験や、目で見ることのできない分子構造なども実感することができる。また、実験操作も、学生の好きな時間に繰り返し訓練することが可能となる。

信雄 確かに、単純な実験操作ならば、VRでできますね。

雅人 それと、リアルな実験室ではできない危険をともなう作業の体験や、人間が行くことのできない月の裏側の観察や深海の様子を見ることもできる。まさに、イノベーションだ。

しのぶ それは、面白そうですね。

信雄　ところで、最近テレビでさかんに宣伝されている**クラウド** (cloud) も DX のひとつなのでしょうか。

雅人　もちろん、そうだ。今後、世界ではクラウドが主流になっていくと思う。日本政府も、**ガバメント・クラウド** (government cloud) という日本全体をカバーできる行政サービスの構築を狙っているんだ。

結美子　こうして見ると、世の中はどんどんデジタル化に向かっているのですね。

雅人　確かにそうなんだが、わたしは、社会の DX 推進にとって重要な一歩は、ひとが変わることと思っている。

和昌　機械ではなくてひとですか。なにか、立派なコンピュータや通信システムの導入が DX の第一歩と思っていました。

雅人　いやいや、その前に、一人ひとりの変革、つまり、「内なる DX」が重要なんだ。個人の意識が変わらないと、せっかく立派なシステムを導入しても使いこなせない。よって、設備投資が無駄になる。

5.2.　**内なる DX**

雅人　実は、DX の推進には**クリティカルシンキング** (critical thinking) の手法がとても重要になる。

第5章　デジタル・トランスフォーメーション

結美子　なにかの課題に取り組むときに、確かな根拠に基づく**事実 (fact)** に立脚することがクリティカルシンキングの基本でしたね。

雅人　その通り。**意見 (opinion)** ではなく、事実を大切にする。そして、その基本は**数値データ (numerical data)** を出発点とすることだ。まさに、DX も同様なんだ。

しのぶ　なるほど。DX にとっては、確かに数値データが大切ですね。

雅人　具体例で考えてみよう。たとえば、だれかが「今日は寒いですね」と言ったとしよう。

和昌　ただし、「寒い」「暑い」はひとによって感じ方が違います。

雅人　その通りなんだ。だから「今日の気温は 18℃ です」と数値データを示せば、万人に共通の指標となる。これならば明確だよね。そして、18℃ を寒いと感じるかどうかはひとによって異なる。「寒い」という表現ではあいまいなんだ。

信雄　この例はよくわかります。そして、先生が言われる「ひとの DX」とは、何かを決断する際に、不確かなものではなく、数値データに基礎を置くという意識改革のことなのですね。

結美子　その実行のためには、本人のちょっとした心がけで十

分ですね。

雅人　そして、つぎのステップは、自分で数値データを処理してみることも大切だ。手計算でもよいし、電卓や Microsoft EXCEL などの表計算ソフトを使ってみるのもよい。

しのぶ　普段の生活に関することならば、難しい計算は必要ありませんね。四則演算程度で十分な場合も多いです。

雅人　それでは、これも実例で考えてみよう。ある 2 つのクラスの生徒が 10 点満点のテストを受け、その評価をすることになった。それぞれのクラスから 3 人の生徒の点数を抜き出してみると、A クラスは (5, 7, 6)、B クラスは (9, 9, 0) とする。この評価にはなにがよいだろうか。

結美子　一般的には、それぞれのクラスの**平均点** (the average score) を計算してみることと思います。

雅人　その通り。では、それを計算してみよう。

和昌　わたしが挑戦します。この計算は、とても簡単ですね。

$$(5+7+6) / 3 = 6 \qquad (9+9+0) / 3 = 6$$

となります。よって、平均点は両クラスとも 6 点となって同じになります。

雅人　それならばクラス A, B ともに同レベルと判断してよいだろうか。

第 5 章　デジタル・トランスフォーメーション

信雄　いえ、その判定には無理があります[25]。なぜなら、点数分布が明らかに異なっているからです。

雅人　そう思うよね。それならば、**平均 (mean)** からの**偏差 (deviation)** を比較して見たらどうだろう。

しのぶ　A クラスでは (–1, +1, 0) となり、B クラスでは (+3, +3, –6) となって、ばらつきが B クラスのほうが大きいことがわかります。よって、B クラスの生徒の実力の偏りが大きいとなります。しかし、このままでは比較が難しいですね。

結美子　なにか、ひとつの数値データで比較できれば便利ですね。このために、まず、偏差の和をとってみます。すると

$$-1+1+0 = 0 \quad +3+3-6 = 0$$

のように、どちらも 0 になってしまいますね。これでは、使いものになりません。

雅人　よく考えればわかると思うが、平均点からの偏差の和を計算すれば、必ず 0 となるんだ。

信雄　確かにそうですね。とすると、この数値は使えませんね。それならば、偏差の絶対値をとり、それを生徒の数で割ればよいのではないでしょうか。すると

$$(1+1+0) / 3 = 2/3 \quad (3+3+6) / 3 = 4$$

となり、B クラスのほうの成績の偏りが大きいことが一目瞭然です。

---

[25] もし点数分布がなく、平均点の情報しかなければ、同レベルと判定するしかないでしょう。

雅人 統計学では、この数値を**平均偏差** (mean deviation) と呼んでいて、バラツキを見るときのひとつの指標となる。ただし、平均偏差の大小だけでクラスのレベルを判定するのは難しいよね。

平均偏差

$x_1, x_2, ..., x_n$ の n 個からなる集団の平均偏差は

$$\frac{|x_1 - \overline{x}| + |x_2 - \overline{x}| + ... + |x_n - \overline{x}|}{n}$$

と与えられる。ただし、$\overline{x}$ は平均である。

結美子 もし、平均点が高くて、しかもバラツキが小さければ、そのクラスのレベルが高いと言えるのではないでしょうか。

雅人 その通りだ。ところで、実際の統計処理では、偏差の2乗の和を計算し、それを生徒数で割ったうえで、平方根をとるという操作をしている。これを専門的には**標準偏差** (standard deviation) と呼んでいる。

標準偏差

$x_1, x_2, ..., x_n$ の n 個からなる集団の標準偏差は

$$\sqrt{\frac{(x_1 - \overline{x})^2 + (x_2 - \overline{x})^2 + ... + (x_n - \overline{x})^2}{n}}$$

と与えられる。ただし、$\overline{x}$ は平均である。

このときルートの中の式は**分散** (deviation) に対応する。実は、統計解析では、この分散が重要な役割を演じるので、平均偏差ではなく、標準偏差が重用されることになる。

第 5 章　デジタル・トランスフォーメーション

和昌　いまの場合の標準偏差を計算してみます。すると、それぞれ

$$\sqrt{\frac{(5-6)^2+(7-6)^2+(6-6)^2}{3}} = \sqrt{\frac{2}{3}} \cong 0.82$$

$$\sqrt{\frac{(9-6)^2+(9-6)^2+(0-6)^2}{3}} = \sqrt{\frac{54}{3}} = \sqrt{18} \cong 4.24$$

となり、平均偏差と同様に、B クラスの生徒の成績のばらつきが大きいことがわかります。

しのぶ　確かに、自分でデータ解析を行ってみると視野が広がりますね。

雅人　自分で計算してみる。これが、第二の「内なる DX」だ。簡単な計算であっても、自分で実際に行ってみるのが大事だ。その訓練を繰りかえせば、数字の目利きもできるようになります。

和昌　それはよくわかります。最初は面倒と思っていても、自分で計算すれば、数値に課題があることもわかります。

雅人　それに関連して、つぎの問題を考えてみよう。3 人ではなく、最初のふたりのデータを抜き出した場合にどうなるかだ。

信雄　A クラスでは (5, 7)、B クラスでは (9, 9) となり、平均点は 6 と 9 となって、先ほどとは、異なった結果になります。これな

らば、Bクラスのほうが優秀となりますね。

雅人　本来は全生徒のデータを解析することが必要だ。クラスの成績ぐらいならば、全部のデータを解析できる。ただし、対象の数が多いとなると、それができない。このため、ある集団からデータを抽出して、それを解析するのが一般的となっている。この操作を**サンプリング** (sampling) と呼んでいる。

結美子　サンプル数を増やせば、本来のデータに近くなるのですね。

雅人　その通りだ。しかし、対象が日本国民となると、データ数が1億2千万と大きくなる。信頼性を高めるために、サンプル数をいたずらに増やしたのでは、データ処理に時間がかかる。このため、どの程度のデータ数を集めれば信頼できるかということも標準化されているんだ。

しのぶ　マスコミ報道などで発表される政党の支持率や、テレビ番組の視聴率などでは信頼性が重要ですね。

雅人　そうなんだ。中には、データ数が不十分で、信頼性が高くないものも含まれている。つい最近も、選挙の出口調査で当確を出したら、実は、落選していたということがあった。

信雄　なるほど、単なる数値だけでなく、どのような調査方法を用いたかによっても信頼性は異なりますね。

第5章　デジタル・トランスフォーメーション

雅人　たとえば、教育の国際比較が発表され、日本が低迷していると報道されることがある。ところが、日本では、全国規模で一斉試験ができる。しかし、国によっては、そもそも裕福な家庭の子供しか学校に通えないところも多い。また、成績をよくするために、受験者を優秀な生徒に限定している国もあるんだ。

和昌　確か、日本でも、調査テストの際に成績不良者を欠席させるという手法で、平均点を上げていた学校がありましたね。先ほどのBクラスでも0点をとる生徒を欠席させれば、平均点は大きく上昇します。

雅人　そうなんだ。このように、数字の裏に潜むトリックに気づくこともDXにおいては大切となる。根拠のしっかりした信頼できるデータに基づく議論が重要だからだ。

しのぶ　確かにそうですね。実際に自分で数値データの処理を経験していれば、課題も含めて、いろいろな側面が見えてきます。

雅人　そして、普段から、この操作を、自分の身近なデータで実際に行ってみること、これも大切。繰り返しになるが、DXの第一歩は、内なる DX、つまりひとが意識を変えることだからね。
　さらに、データの信頼性を吟味することも重要だ。Bクラスで0点をとった生徒が居たが、もしかしたら体調が悪かったのかもしれない。データの間違いだった可能性もある。そこまで目配

りすることも重要となる。

5.3. 注目されるDX

雅人　それでは、巷間（こうかん）で話題となっているDXとは何なのかを具体的に見てみよう。

しのぶ　いまは、多くの企業がDXに関心を持っていると聞きました。

雅人　日本で、これだけDXが注目されるようになったのは、2018年の経産省の発表が、ひとつのきっかけとなっているんだ。

結美子　DXレポートのことでしょうか。日本の企業のデジタル技術の導入が進んでいないために、世界に遅れをとっているという内容だったと聞いています。

雅人　このとき、引き合いに出されるのが、**ガーファ (GAFA)** と呼ばれる巨大IT企業なんだ。みんなはGAFAがどこの会社か知っているかな。

和昌　**グーグル (Google), アップル (Apple), フェイスブック (Facebook), アマゾン (Amazon)** のことだと思います。

雅人　正解。これら企業はすべてデジタル技術の有効活用に成功したインターネット関連会社なんだ。彼らは、**デジタル・ディスラプター (digital disruptor)** とも呼ばれている。ただし、

第 5 章　デジタル・トランスフォーメーション

Facebook の社名を Meta に変えたので、GAFA という名称はもう旧いんだ。ただし、SNS の名称はいまだに Facebook だがね。

信雄　"disruptor" は、「破壊者」という意味ですから、「デジタル技術による破壊者」という意味ですね。

雅人　そうだ。既存の産業構造をデジタル技術によって駆逐するという意味となる。

しのぶ　そう言えば、Amazon の登場によって、既存のデパートや小売業が撤退していますね[26]。

結美子　Google や Apple は携帯電話 OS の寡占化を進めました。いまや、世界の主流は**アンドロイド (Android)** と**アイフォーン (iPhone)** ですからね。

信雄　Facebook いや Meta でしたね。Meta はメールや電話の連絡手段を奪いつつあります。

雅人　みんな詳しいね。デジタル時代に生きているから当たり前か。まさに、デジタル技術が産業構造を変革しているんだ。

しのぶ　GAFA の他にも Netflix の台頭や、YouTube などの動画サイトが TV 番組よりも人気を集めつつありますね。

---

[26] 小売店で現物を確認したあと、Amazon で購入というパターンが増えています。米国の大手百貨店さえも廃業に追い込まれています。

雅人　経産省は、日本の企業が、デジタル分野で世界の主導権を握れないことを心配しているんだ。

和昌　GAFA のような企業が日本にも登場してほしいという願いでしょうか。

雅人　それもひとつの狙いだね。実は、経産省は、2020 年に DX レポート 2 を発表している。これはコロナ禍の中で、DX に遅れをとった企業がオンライン会議や電子決済などに対応できていないことに危機感を持ったからと言われている。

5.4.　デジタイゼーション

信雄　そもそも、DX とは何なのでしょうか。なんとなく、デジタル技術をうまく利用するということはわかるのですが、具体的に何をすればよいのかがはっきりしません。

雅人　それでは、順を追って説明していくが、DX には 3 つの段階があると言われている。

和昌　まず DX の第 1 歩は**デジタイゼーション** (digitization) ですね。この用語は "digitize" つまり「デジタル化」という動詞がもとになっていますね。つまり、アナログデータのデジタル化という意味でしょうか。

雅人　その通り。これが DX の第一歩なんだ。

第5章 デジタル・トランスフォーメーション

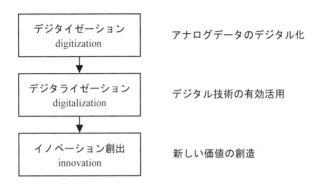

図 5-2 デジタル・トランスフォーメーション (DX) のステップ

しのぶ それなら、多くの企業や教育機関でかなり進んでいると思いますが、どうでしょうか。

雅人 確かにそうだね。かつての学校では、生徒の成績は手書きが当たり前だったが、いまでは、それを EXCEL などのデジタルデータに変換するようになっている。

結美子 それがデジタイゼーションなのですね。確かに、デジタルデータのかたちになっていれば、データ解析もスムースにできますね。

雅人 手書きの資料を、J-PEG などの画像ファイルとして保存することも一種のデジタイゼーションだ。

信雄 なるほど。授業で先生が板書したものを、同級生が携帯で撮影して、それをみんなで共有していました。これがデジタイゼーションですね。

雅人 教員の立場からすれば、板書は写真ではなくノートに書き写してほしいところだが、今の時代ではしょうがないか。

しのぶ そう言えば、OCR (optical character recognition) つまり光学文字認識を利用して、手書き資料をデジタル資料に変換する技術も開発されていますね。

雅人 カメラで撮影した文字をコンピュータが認識して、デジタル化する技術だね。ただし、当初は読み取り精度が 70-80% 程度と低く、読み取り後に人間が文書を修正する作業が必要だったんだ。ひとの書く文字にくせがあったり、紙の質によって読み取り誤差が生じていたからね。ところが、最近では AI (artificial intelligence): 人工知能 の導入によって、精度がかなり高くなっている。とても便利だね。

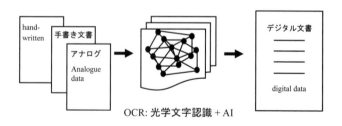

図 5-3　OCR を使えば手書文書がデジタルデータに変換できる。

第5章　デジタル・トランスフォーメーション

和昌　AIはいろいろな分野で大活躍ですね。

雅人　ただし、デジタイゼーションが進んでも、組織がそれをうまく活用できないのではDXは進まないんだ。

信雄　それもよくわかります。コロナ禍で話題になったのが、稟議書の押印でしたね。日本では書類に判を押す作業があるため、テレワーク[27]ができずに、わざわざ会社に出社しなければいけないと不満をこぼす社員がいると聞きました。

雅人　さらに、文書がデジタル化されていても、結局、それを印刷して押印するという組織文化もいまだに多い。

結美子　これでは、デジタイゼーションの効能を享受できていないですね。

雅人　実は、DX推進をうたっている経産省自体にアナログ体質がしみ込んでいるんだ。

和昌　国の多くの省庁や機関もそうだと聞きました。

雅人　その通りなんだ。これは、政治家のアナログ体質が一因と言われている。いまだに、官僚を呼びつけ、印刷させた文書を口頭で説明させる議員が多いからね。もちろん、IT技術をう

---

[27] 日本ではテレワーク (telework) という用語がよく使われるが、これは離れた場所で仕事をするという意味である。家で仕事をするという場合には work from home が、よく使われ、WFH と略されている。

まく利用する議員も増えてはいるがね。ただ、少数でもアナログ政治家がいれば、役所はそれに従わざるをえない。

信雄　つまり、政治家の「内なる DX」が日本では重要となるのですね。

雅人　まさに、その通り。

しのぶ　そう言えば、新聞に出ていましたが、東北大学は、2020 年に学内手続きに必要な押印を廃止し、完全オンライン化に踏み出すことを決めたと出ていました。これだけで年 80000 時間の作業削減につながると書かれていました。

雅人　アナログ体質の国立大学では画期的なことだね。もちろん、教員の多くは DX を実践しているのだが、国の組織としては、まだまだアナログ体質が抜けていないんだ。

和昌　そうなのですか。でも政府の DX 推進委員には国立大学の先生が就任していますよね。

雅人　大学教員は、組織から独立した存在だ。だから、組織運営には興味がない。自分の研究室の DX が進んでさえいれば、それで満足なんだ。

結美子　そうなのですか。確かに、大学の先生には自由人が多いですよね。というか、社会常識に欠けるひとが多いです。

第5章　デジタル・トランスフォーメーション

雅人　その点に関しては、自分自身に対する反省材料として心
しておくよ。ただし、データがデジタル化されていれば、それ
は、それで財産になるんだ。まず、データを組織として共有で
きるようになる。

信雄　なるほど、データが共有できれば、それを組織として活
用することができますね。

結美子　簡単な例では、それまで手書きだった成績表を EXCEL
などでデジタルデータに変えるということですね。

雅人　このプロセスの重要な点は、それまで個人で閉じていた
データが、組織のものとなるということだ。データの利用がい
っきに広がるね。

信雄　生徒の成績がデジタル化されていれば、クラスごとの平
均点や偏差値なども計算でき、さらに学年全体や学校全体のデ
ータも解析できるようになり、それを教育に活かすことができ
るということですね。

雅人　まさに、その通り。よって、デジタイゼーション（アナ
ログデータのデジタル化）が DX の第一歩となるんだ。

5.5.　デジタライゼーション

しのぶ　それでは、デジタイゼーションに続く、DX のつぎのス
テップは何なのでしょうか。

雅人　それは、**デジタライゼーション** (digitalization) と言われている。

結美子　デジタイゼーションとよく似た用語ですね。慣れないと混同しそうです。

雅人　こちらは「デジタライズ」"digitalize" という動詞がもとになっている。

和昌　この単語を辞書で引くと、「デジタル化」となっていますね。デジタイゼーションと同じ意味になってしまいます。

雅人　実は、"digitize" は数値としてのデジタルに対応しているのに対し、"digitalize" は、もっと広い意味でのデジタル化に対応している。つまり、組織の在り方や、組織運営にデジタル技術を活用することを意味しているんだ。

信雄　なるほど。デジタイゼーションは、「アナログデータのデジタル化」でしたが、デジタライゼーションは、それよりも一歩進んで、「デジタルデータを、組織としてうまく活用する」という意味なのですね。

雅人　その通り。データのデジタル化が進んでいても、それをうまく使いこなせなければデジタライゼーションとは言えないということだ。

しのぶ　そう言えば、会議の資料でも、せっかくペーパーレス

第5章　デジタル・トランスフォーメーション

化を進めても、画面では見づらいからと、印刷してメンバーに渡すように指示する上司がいると聞きました。これでは、デジタライゼーションにはなりませんね。

5.6. デジタライゼーションの成功例

雅人　その通り。それでは、デジタライゼーションに成功した具体例を見ていこう、まず、ネットフリックス (Netflix) だ。

5.6.1. ネットフリックス

信雄　僕も契約しています。低料金で映画が見放題なので、すごく重宝しています。

雅人　Netflix の成功は、ビデオレンタル店の DVD をデジタル化によってオンライン配信に変えたことなんだ[28]。まさにデジタル・トランスフォーメーションによるビジネス改革だ。そして、最近では、映画館に取って代わる存在となっている。

和昌　Netflix は、**ストリーミング配信** (streaming delivery) という方式を開発したと聞いています。

信雄　それは、僕も聞きました。かつては、オンラインで動画をダウンロードし視聴するという方式がメインでしたが、これではダウンロードに時間がかかりますし、違法なコピーも防げ

---

[28] もちろん、大容量のデータを高速で通信できるネット環境が整備されたことが背景にあります。この技術革新がなければ、成立しないビジネスなのです。

231

ません。そこで、動画をすべてダウンロードするのではなく、**パケット** (packet) ごとに送信することで視聴者は動画をすぐに視聴できます。

雅人 "packet" とは英語で「小包」という意味だ。つまり映画という1本の大きなデータを、細かなデータの単位に分けて、この小包を送信するという手法だ。パケット送信ならば、時間はかからない。

結美子 Netflix の通信では、送信したパケットはいったんコンピュータにダウンロードされますが、つぎのパケット送信でメモリから消去されます。このため、違法なコピーも防げるという仕組みと聞きました。

しのぶ わたしも、とても賢い方法と思いました。ついでに言えば、メモリの節約にもなりますね。

結美子 ただし、少し考えれば、動画コンテンツさえあれば、簡単に他社が真似できる手法と思われますが、どうなのでしょうか。

信雄 実際に、Disney+、Apple TV、HBO Max などのライバル企業がどんどん参入していますよね。

雅人 そこで、客を抱え込むために考えられたのが**サブスクリプション** (subscription) なんだ。会員が毎月一定の会費を支払えば、店舗内の動画を自由に閲覧できるサービスだ。これならば、安

第5章　デジタル・トランスフォーメーション

定した収入も見込める。

和昌　でも、サブスクも他社が簡単に真似できますね。

雅人　そうなんだ。だから、会員をつなぎとめるためには、提供できる動画の質と量を充実させる必要がある。コロナ禍の特需で業績を伸ばしていると聞いているが、今後は、いかに他社と差別化するかが鍵となるね。

結美子　そのためには、いかに魅力あるラインナップを揃えられるかにかかっていますね。まさに、チキンレースですね。

信雄　デジタル分野で大成功した企業として、Amazon もよく取り上げられますね。

5.6.2.　アマゾン

雅人　もともとは、書籍の通信販売から始まった事業だね。書店に行って本を探すのは楽しいが、どうしても品揃えに難がある。Amazon では、街の書店では購入できないような専門書も購入できたので、研究者にとっても、その品揃えは満足のいくものだったんだ。しかも、絶版になったような古本も購入可というのが研究者にとっては大きな魅力だったね。

和昌　さらに、先払い制度のネット販売では詐欺も横行しますが、Amazon は顧客に商品が届かなければ、業者に入金されないというシステムなので、安心して購入ができます。

しのぶ　そして、いまや書籍だけではなくありとあらゆる商品を取り扱っていますね。中には、即日品物が届くものもあります。驚異的なサービスですね。翌日にどうしても必要なものがあったとき、とても重宝しました。

雅人　Amazon は独自の倉庫を整備し、徹底的な IT 化を進め、注文から配送までを自動化し効率を最大化しているんだ。その結果、外部企業にとっても自前で物流を管理するよりも Amazon を利用したほうが低コストで運用できるようになっている。

信雄　なるほど、自分たちでネット販売するよりも Amazon に依頼するほうが便利で早いということですね。

雅人　もちろん、楽天や Yahoo など、ライバルたちも参入しているが、Amazon がトップを走っているというのが現状だ。

しのぶ　なにか課題はあるのでしょうか。

雅人　現在は、宅配サービスは、最後の配送を結局ひとに頼らざるを得ないという状況だ。宅配予約システムや置き配サービスなどで、持ち帰りという無駄を最小化しようとしているが、ここがボトルネックということには変わりはない。

結美子　そうですね。いくら自動化しようとしても、最後の配送はひとに頼らざるを得ないのですね。

雅人　そこで、Amazon は、配送も自動化しようという研究開発

第 5 章　デジタル・トランスフォーメーション

をしているんだ。**ドローン (drone)** を使った配送や自動運転による無人の配送を試行しているのも、その一環だ。

5.6.3.　アントレプレナーシップ

信雄　ところで、先生も言われているように、Netflix にしろ、Amazon にしろ、多くの IT 企業のビジネスモデルは他者が簡単にまねることができます。したがって、ライバル企業の参入も可能となるので、競争が激しいのですね。

雅人　そうなんだ。このため、彼らが業界で生き残るためには、常に技術革新を進め、差別化を図る必要がある。Google が一見関係のない分野の研究者[29] まで採用し、研究開発を積極的に進める背景には、ライバルの追随がある。

しのぶ　そう考えると、GAFA も決して安泰ではないのですね。

雅人　実際に、IT 企業の寿命は 15 年とされている[30]。いくら給料が高いと言っても、そんな不安定な企業に勤める気になれないひとも多い。さらに、それならば、自分で起業したほうがよいと考える若者も多いんだ。

信雄　その考えもよくわかります。自分も機会があれば、起業したいなと思っています。ベンチャーですよね。

---

[29] たとえば、理論物理の研究者も積極的に採用していると聞きます。
[30] Brandon Hills 氏が Freshtrax というサイトの記事で、アメリカトップ 500 社の平均寿命がデジタル化の影響で 15 年と短くなっていることを指摘しています。

雅人 昔の日本では、会社を設立するのに、コストも手間もかかった。そして、失敗すると、多額の負債を背負って、再生が難しいという側面があった。このため、起業にチャレンジしようというひとは、それほど多くなかったのだが、いまでは、かなり緩和されている。

和昌 会社設立の資金にしても、いまでは**クラウド・ファンディング** (crowd funding) という方法がありますね。アイデアさえ良ければ、結構、お金が集まると聞いています。

結美子 クラウドは英語の "crowd" で、「大衆」という意味ですね。ファンディングは "funding" で「資金調達」という意味です。つまり、インターネットで企画内容と必要な金額を提示して、広く支援をよびかける方法です。わたしも興味があったので調べてみました。

信雄 資金提供する側も、少額でも大丈夫なので、それほど深刻に考えずに出資できます。とても賢い方法と思いました。

雅人 大学の先生でも、自分の研究費をクラウド・ファンディングで集めるというひとがたくさん出てきている。面白い方法だと思うよ。

しのぶ そう言えば、いまは大学の講義でも**アントレプレナーシップ** (entrepreneurship) を扱うものが増えています。

雅人 これは、起業家精神のことだが、新しい事業の創造に挑

第 5 章　デジタル・トランスフォーメーション

戦する姿勢のことだ。政府も、今後、日本の経済を活性化するためには、若いひとたちが柔軟な発想のもと、新しいビジネスを立ち上げることが重要と考えているんだ。

5.7. レガシーシステムの刷新

雅人　経産省が 2018 年に発表した DX レポートでは、**レガシーシステム (legacy system)** の刷新が重要であることも指摘されている。

結美子　**レガシー (legacy)** とは和訳すれば遺産のことですね。

雅人　ただし、ここで言うレガシーシステムとは負の遺産を指している。多くの企業はデジタル機器や IT 機器を導入しているが、これらシステムの老朽化が進んでいるんだ。

和昌　確かに、大手の銀行でも、とんでもないシステム障害に見舞われていますね。

雅人　これは、システムの導入以降、継ぎ足しでシステムを改修してきたため、複雑化していることが一因だ。また、システム改修に携わった人間が企業を退職して、IT システムがブラックボックス化しているという問題もある。

しのぶ　それはよくわかります。

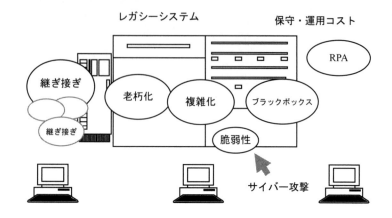

図 5-4　レガシーシステムは負の遺産

雅人　さらに、システム維持のためのコストが無視できず、IT予算のほとんどが、その維持に使われ、新規開発に回らないという現状もある。

結美子　それでは、新しいことに予算が回りませんね。

雅人　実は、**ロボティック・プロセス・オートメーション**という技術があるのだが、この導入もメインシステムの刷新を妨げる要因と言われている。

和昌　ロボットの一種でしょうか。

雅人　英語では、Robotic Process Automation となり、RPA と略さ

第5章　デジタル・トランスフォーメーション

れる。人のかわりに、事務作業をしてくれるソフトウェアのことだが、事務ロボットと呼んでいる。繰り返し行われる定型化した仕事をしてくれるので、人間は、よりクリエイティブな仕事に従事できる。

信雄　それならば、DX の一環なのではないでしょうか。

雅人　もちろん、良いことなのだが、システムが旧くとも、人間の仕事が軽減されるため、わざわざシステムを交換しなくともよいと判断しがちなんだ。

しのぶ　システムの本格的改修よりも安くすむなら大丈夫と思ってしまうのですね。

雅人　さらに、日本のレガシーシステムは**カスタマイズ**(customize) 開発が多く、機関ごとに仕様が異なるため、運用や保守のノウハウを共有できないという問題もある。

和昌　カスタマイズというのは、既存の商品などに手を加えて、その組織の好みのものに作り変えることですね。確かに、汎用ソフトでは、組織のやり方に対応できないものもありますね。

結美子　そのため、組織に適したシステムに改修するということですね。

信雄　さらに、会社にはシステム開発の担当者もいます。彼らは、専門知識が豊富な一方で、結構マニアックで、カスタマイ

ズが好きですよね。

雅人 しかし、非専門家には理解できないことも結構ある。結局、それがコスト増の原因となっているんだ。汎用品であれば、いくらでも交換可能だし、修理もしやすい。ソフトでも、みんなが共通して使っている汎用ソフトであれば、対応が簡単だし、いろいろな知恵が出て改善も進むんだ。たとえば、LMS のひとつに "Moodle" という汎用ソフトがある。これは、誰でもが無料で使えるので、短期間で改善が進んでいる。

信雄 カスタマイズと言えば、知らない間にシステムが改修されていて、それまでのアプリが動かなくて戸惑ったことがありましたね。

雅人 実は、芝浦工大でもレガシーシステムの問題があったんだ。驚いたことに、コピー機とシステムをつなぐ部品までもがカスタマイズされていたんだ。

しのぶ それはマニアックですね。おそらくセキュリティ強化を目指したのでしょうね。

雅人 おそらく、そうだと思うが、このため、部品のストックがなくなると、故障の際に対応できない問題が起きてしまった。なにしろ、カスタマイズ商品だから、サプライヤも製造をしていないからね。

しのぶ それで、どうしたのでしょうか。

第5章　デジタル・トランスフォーメーション

雅人　大学として、新しいシステムの導入を決めたんだ。コストは、ある程度かかっても、そのほうがよいと判断したことになる。

結美子　確かに、システムがちゃんと動かないのでは、大学運営にも支障が出ますよね。

雅人　そうなんだ。だから整備が急務だった。そして、システム導入にあたっては、専門家の意見よりも、ユーザー視線の開発を旨とし、さらに「できるだけカスタマイズはしない」という基本方針のもとで新システムの導入を進めることになったんだ。

和昌　なるほど、それは賢いやり方ですね。

雅人　現場からも、財務システムの刷新と、すべての伝票のデジタル化が求められていたこともあったからね。このシステム開発は、2019 年末までに完了したんだ。そのおかげで、コロナ禍にあっても、業務のオンライン化やテレワークによる対応が可能となった。

しのぶ　それはラッキーでしたね。

雅人　もちろん、レガシーシステムをなんとか使いこなすという手もないわけでない。ただし、システムは老朽化して、いずれ使えなくなる。よって、どこかで決断を下すことが必要となるんだ。

信雄 この決断が重要ですね。

5.8. 2025年の崖

雅人 2018年のDXレポートには「2025年の崖」という言葉が登場する。これは、レガシーシステムの老朽化により、メインテナンス費用が上昇するとともに、セキュリティの問題が生じ、最後には、システムの維持そのものができなくなる。

和昌 確かに、セキュリティ問題は深刻ですね。Windowsも、毎日のように更新プログラムが送られてきます。おそらく、旧いシステムは弱点だらけなのでしょうね。

雅人 どんなに立派なソフトであっても、必ず**脆弱性** (vulnerability) と呼ばれる安全上の欠陥はある。OSにしろ、アプリケーションにしろ、最初から100%完璧なものをつくるのは不可能なんだ。そこに悪意のある第三者が攻撃をしかける。旧いシステムでは、誰がどのようにカスタマイズし、いつ導入したかもわからないものが多いので、脆弱性がどこにあるかも不明という場合も多い。

信雄 そう言えば、最近は病院や大学がサイバー攻撃を受けて、大きな被害を受けていますね。

雅人 企業でも、レガシーシステムが多いので、そのメインテナンスのために結構な費用をかけているところも多いんだ。新システムを導入するにも巨額のコストがかかるので、どうして

第5章　デジタル・トランスフォーメーション

も躊躇してしまう。

しのぶ　それでは、日本の企業はどんどん遅れてしまうのではないでしょうか。なによりセキュリティが心配ですね。

雅人　世界の IT 企業がデジタル革新により世界市場を席巻している一方で、日本の企業はうまく対応できずに、日本国として大きな損失が生じていると、経産省は警告しているんだ。

信雄　どの程度の損失になるのでしょうか。

雅人　2025 年には、その額は、年 12 兆円に達すると言われている。

結美子　日本の国家予算が年 100 兆円ですから、かなりの額ですね。

雅人　この危機を脱するためには、DX の推進が不可欠であると主張している。

和昌　日本がデジタル競争の敗者となるという政府の危惧は、よく理解できます。脅しにも聞こえなくはないですが、世界競争の中での生き残りを考えれば、当然のことかもしれませんね。

雅人　しかし、「隗より始めよ」という言葉があるように、もし政府が企業に対して DX 推進を求めるならば、みずからが、その

見本となる必要があるんだ。

信雄 これも、内なる DX の一環ですね。日本でもっともアナログなのは、政府機関と先生は指摘されていましたね。それを改革するためには、政治家の DX も重要でしたね。

しのぶ 日本のデジタル化が遅れているのは、日本人の IT リテラシーの欠如という指摘を聞いたことがあります。

雅人 そういう指摘をするひとが多いのも確かだ。しかし、16歳から 65 歳を対象にした OECD の PIAAC 調査「IT を活用した問題解決能力」では、日本人の能力は堂々の世界一なんだ。決して日本人が IT 技術に劣っているわけではない。

結美子 とすれば、やはり、政治家のリテラシーの欠如や、企業では決定権のある人間に問題があるのでしょうか。「テレワークでは、従業員がさぼるから、出社させて管理する必要がある」と堂々と話している社長もいましたね。

雅人 経産省は、企業に DX 推進を求めるだけではなく、これら影響力のあるひとたちの DX を推奨すべきなんだ。

信雄 確かに、立派な IT システムを導入しても、活用しなければ意味がありませんね。そうか、これがデジタライゼーションでしたね。

5.9. コロナと DX

雅人 まさに、その通り。デジタイゼーションすなわちアナログデータのデジタル化が進んだとしても、それを有効活用しなければ、技術革新、つまり、デジタライゼーションにはつながらない。

和昌 これが、日本社会の課題のひとつでしょうか。ただし、これを変えるのは、それほど簡単ではありませんね。

雅人 ところが、皮肉なことに、コロナ禍によってデジタライゼーションがいっきに進んだという背景がある。

和昌 確かに、多くの企業はテレワークを余儀なくされ、会議のオンライン化と文書のデジタル化を進めざるをえなかったと聞きました。

しのぶ 大学においてもコロナ禍によってオンライン配信を含めたデジタル化が進みましたね。

雅人 もちろん、コロナ禍により多くの大学がオンライン授業を始めたのは確かだ。ただし、それがあたかも対面ができないから、仕方なくオンラインを導入したと捉えられがちだ。それが、マスコミや学生の親から非難される一因になっている。

和昌 マスコミ報道に触発されて、授業料返還を求める運動を始めた友人も居ます。

雅人　もちろん、プリントで課題を出すだけのいいかげんな教員が居るのも確かだ。しかし、オンライン授業を対面との対比で矮小化するのは大きな問題なんだ。

結美子　それは、どういうことでしょうか。

雅人　それは、いま世界で起きている教育の大改革の一環であるという認識が必要ということだよ。冒頭で、EdTech の紹介をしたように、いろいろなデジタル技術が教育界に浸透している。世界では 2000 年以降、教育のデジタル化がかなり進展し、最近では、高等教育の DX が世界的に進められているんだ。

5.10.　大学の DX

雅人　経済分野のグローバル化は 1980 年代に進行したと言われている。そして、それから 10 年ほど遅れて、高等教育のグローバル化が進みだした。つまり、世界の若者が、国境を越えて、他国の大学に進学するようになったんだ。

和昌　確かに、昔に比べると、日本でも海外留学が当たり前になっていますね。

雅人　この結果、国境を越えた大学間競争が始まったんだ。そして、世界の大学では**教育の質保証** (quality assurance of education)を目指した改革が進められている。かなり遅れたものの、日本の大学においても教育改革が始まっている。

第 5 章　デジタル・トランスフォーメーション

しのぶ　それは、わたしたちも感じてはいました。身近なところでは、**シラバス** (syllabus) が整備されたり、成績に**ルーブリック** (rubric) を導入したりなどの変化がありました。

雅人　シラバスというのは、講義の摘要のことだね。授業の計画や内容を記したものだが、つい最近まで日本の大学のシラバスはとてもいい加減だった。講義名と教員名しかないものさえあった。しかし、これでは大学として許されない。さらに、いまでは、シラバスに成績評価基準も明示しないといけない。

結美子　その基準がルーブリックでしたね。その講義で習得すべき能力を列挙したうえで、具体的に、どの程度までできたら合格かなどを、わかりやすい文章で書いたものです。

雅人　そうだね。あらかじめ、このような基準がわかっていれば、学生も安心して講義を受けることができる。わたしの学生の頃は、講義の冒頭で、俺はクラスの 8 割を落第させるなどと豪語していた教員もいたからね。そういう教員に限って、授業がいい加減だった。

信雄　授業の前に、そう宣言する教員は最低と思いますが、いまでも結構いますよ。あとは、シラバスを無視する教員も結構居ます。

結美子　ところで、**アクティブラーニング** (active learning) の導入なども教育改革の一環でしょうか。理系では、もともと演習が多いのですが、最近は、文系科目でもグループ学習やディスカ

ッション、プレゼンテーションが導入されています。

雅人　そうだね。わたしも大学教員として、ここ 20 年間の変化は肌で感じている。実は、教育改革の根幹は「大学が学生に何を教えたか」"what is taught" ではなく、「学生が大学の教育で何を学んだか」"what is learned" を大切にするという**パラダイムシフト** (paradigm shift) なんだ。

しのぶ　それで、学生の**学修成果** (learning outcomes) の可視化が話題になっていたのですね。

雅人　芝浦工大では、学生の学びの記録をデジタル化して、個人ごとに閲覧できる**ポートフォリオ** (portfolio) を整備してきた。つまり、学修過程や成績を記録したものだ。

結美子　確かにわたしも実際に使ってみて、とても便利と思いました。サイトを開くと、トップページに成績などの必要な情報がコンパクトにまとめられて、載っているのですから。

雅人　この情報を収集するためのシステム開発もとても重要だったんだ。それが、**学習マネジメントシステム** (learning management system: LMS) の導入だ。いわば、デジタル学習のコントロールタワーだ。

信雄　確かに、このサイトでは、予習復習のテキストや動画なども、いつでも見れますし、課題提出も可能でした。なにより、ワンストップで、すべての機能が揃っているのが魅力ですね。

第 5 章　デジタル・トランスフォーメーション

雅人　そして、芝浦工大では 2019 年末には、e-learning を活用した教育体制が整備されていたんだ。まさに教育のデジタイゼーションを実施していたことになる。

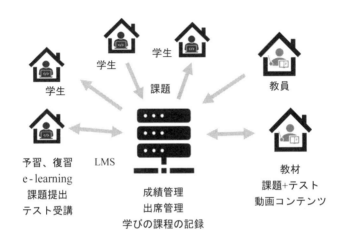

図 5-5　学習マネジメントシステム (LMS)

和昌　学修ポートフォリオに関しては、使い勝手を考え、僕ら学生が入力しなくとも、自動的に成績などのデータが入力されるようになっていましたね。これは、すごいと思いました。

結美子　また、大学の成績だけでなく、TOEIC などの外部試験の結果や、いろいろな活動記録が閲覧できるため、ほぼ学生全員がポートフォリオを利用していました。

信雄　わたしが驚いたのは、就職希望業種を入力すると、就職

に成功した先輩の参考データが参照できることでした。もちろん、匿名ですけどね。

雅人 このように、学生の多くは LMS を利用してくれていたんだが、大きな課題は、教員のほうの LMS 利用率だったんだ。当初は 20% 程度しかなかった。まさに、宝の持ち腐れだよ。デジタイゼーションができていても、デジタライゼーションまで進まない典型例だね。

結美子 確かに、IT に強く LMS の利便性を理解している先生たちは、課題や教材のアップ、また試験や成績管理すべてを LMS 上で実施していました。当然、わたしたち学生は、これら先生の科目を履修していますので、利用率は 100% となります。

和昌 ところが、LMS の使い方がわからない先生や、こんなものは意味がないという先生も居ましたね。学生から見れば、便利なツールをなぜ使わないのだろうと疑問に思っていました。

雅人 メリットを感じない教員も多いということだね。そこで、なんとか利用率を上げようと、大学は LMS に関する勉強会や説明会を開くんだが、参加するのは積極的な先生だけで、残りの 80% は呼びかけても参加すらしない。

しのぶ それも、なんとなくわかります。

雅人 この環境がいっきに変わったのが、コロナ禍だ。すべての授業をオンライン化するとともに、e‑learning のコントロール

第5章　デジタル・トランスフォーメーション

タワーである LMS の利用率もいっきに向上した。

信雄　使わざるをえない状況になったということですね。

雅人　もともと理工系の大学だから、教員には、ある程度 IT の素養がある。半強制とは言え、一度使えば、その利便性は明らかだ。この結果、ほぼ全教員が LMS の利用をするようになったんだ。

しのぶ　それは、すごいですね。でも、確かに、なにかきっかけがなければ、ひとは物事を変えようとはしませんからね。

雅人　その結果、大学教育のデジタライゼーションがいっきに進んだんだ[31]。このような状況がなければ、教員のLMS利用率を100%まで高めるには、かなりの時間を要したと思うよ。

結美子　他の大学はどうだったのでしょうか。

雅人　もちろん、すべての大学が e - learning に対応できたわけではない。もともと LMS が整備できていない大学や、オンライン授業の環境整備が整っていない大学も数多くあったからね。

---

[31] 利用率が急激に増えると、システムへの負荷が高くなります。実際に、多くの大学で初日にシステムダウンが起きました。芝浦工大は LMS 利用率が100%にもかかわらず、情報システム部の職員の努力により、維持できています。表には出ませんが、このような裏方の見えない功績がありました。

しのぶ 本来は、いち早く DX を推進すべき教育界なのに、一般社会よりも遅れていたのですね。

雅人 このため、プリント教材を配るだけの授業などが横行し、マスコミの非難を受けることになったんだ。

和昌 e-learning のためのインフラが整っていないのでは、効果的なオンライン授業ができないのも当然ですね。それでも、多くの大学が素早い対応をしましたよね。

雅人 そうなんだ。遅れていた大学でもオンライン授業のできる環境をいっきに整備し、e-learning もできるようになったところも多い。まさに教育のデジタイゼーションだ。ただし、予算の投入できない大学も多く、インフラが整っていない大学もいまだに結構あるのも事実だ。

信雄 コロナが収まったら、昔の対面授業に戻すと言う話がありますが、どうでしょうか。

雅人 文科省も、そういう意見だよね。ただし、これは、コロナだから仕方なくオンラインで授業をしているという後ろ向きの考えに基づいている。わたしは、オンライン授業は対面との併用で大きな教育効果を発揮すると考えているんだ。

しのぶ わたしも、オンライン授業の良さは実感しています。通学時間の節約になりますし、先生の話に集中できます。単に、昔の対面に戻すということでは意味がありませんね。

252

第 5 章　デジタル・トランスフォーメーション

雅人　もちろん、対面が効果を発揮する授業もある。実験や実習などが、そうだ。そして、日本の大学では、卒業論文研究がある。これは、究極の少人数教育だ。ただし、その指導も、ある程度オンラインでやれるところもある。

和昌　海外との交流にしても、オンラインでやりやすくなっていますね。

雅人　その通り。だから、オンラインの特長を活かしつつ、対面が必要な場合には、それを実施すればよいだけなんだ。せっかくあるインフラを最大限利用して教育の活性につなげる。これこそが、大学教育の DX だ。

5.11.　大規模公開オンライン講座

雅人　さらに、海外では MOOCs (Massive Open Online Courses) というインターネットを使った講義が教育界を大きく変えようとしているんだ。日本では、「大規模公開オンライン講座」と訳されるが、普通にムークスとも呼んでいる。

結美子　日本でも、J-MOOC がありますが、あまり拡がっていませんね。

雅人　日本は、まず国土が狭いから、国内であれば、それほど苦労せずに移動できるという側面がある。さらに、日本語による教育がかなり充実しているから、教育のアクセスという観点では、あまり不便を感じないんだ。

253

しかし、世界に目を向けたらどうだろう。たとえば、貧しい国では、子供たちが十分な教育を受けることができない環境にある。

しのぶ　そう言えば、モンゴルの 15 歳の少年が、インターネットを通じて英語を独学で勉強し、その後、MIT[32] が提供する講義を聴いて優秀な成績を収め、MIT に特待生で入学したという話を聞きました。インターネットの力ですね。

雅人　もともと MOOCs の原型は、2000 年に MIT が、その講義をインターネットで無料公開すると宣言した OCW (Open Course Ware) なんだ。2003 年から実際に公開されている。世界一流の講義がインターネット環境さえあれば、どこでも聴けるのだから、これは教育界の革命とも言われたんだ。"disruptive pedagogy"「破壊的な教育手法」とも呼ばれた。なにしろ、大学の教育がこれで代替できるのだからね。

結美子　でも、日本では、ほとんど話題に上らないですね。

雅人　日本の教育は、日本人の先生が、日本語で、日本人生徒を相手に対面で行うというのが一般的だった。オンライン教育には、それほど肩入れはない。それに、日本人の学生が MIT の講義を英語で聞いてもわからない。だから、日本には大きな影響がなかったんだ。

---

[32] アメリカ合衆国のボストンにあるマサチューセッツ工科大学 (Massachusetts Institute of Technology) のことである。

第 5 章　デジタル・トランスフォーメーション

和昌　日本の教育が閉鎖的だったことが幸いしたのですね。皮肉ですね。ところで、MOOCs と OCW の違いは何でしょうか。

雅人　MIT が始めた OCW は大学の講義をそのままインターネットで公開するだけだったんだ。一方、MOOCs は、講義の視聴だけではなく、オンラインのテストや、学習者間でのコミュニケーション、そして、修了者には「修了証」を出し、それが大学の単位として認められるなどの工夫がされている。スタンフォード発祥の**コーセラ** (Coursera) や、MIT とハーバードが開発した**エデックス** (edX) など、多くの機関が参入しており、いまでは、世界で 3700 万人が視聴していると言われている。

しのぶ　3700 万人は、すごいですね。それでもアメリカには、もともと優秀な大学がたくさんあって、世界から留学生が集まってきます。わざわざ、授業を無料でインターネットに公開する意味はあるのでしょうか。

雅人　それはいい視点だね。ひとつは、アメリカの授業料が高すぎることが背景にある。優秀な私立大学では、年 600 万円というケースもざらだ。

信雄　それは高いですね。これでは、一般の家庭では、子供を大学に進学させることは難しいです。

結美子　そのため、自分でバイトをしたり、足りない分は借金して学費を捻出している学生も多いと聞きました。

雅人　アメリカは、大卒という肩書きがないと、なかなかいい職につけない超学歴社会だからね。ただし、大卒の就職率は60％程度と日本より低い。このため、多額の借金を抱えて途方にくれる学生もいる。

　一方、大学としては、金持ちでなくとも優秀な学生に来て欲しい。そういう意味では、MOOCs を通して、MIT に特待生として入った少年のように、世界から優秀な学生を呼びこむことができる。

結美子　なるほど。世界戦略としては有望ですね。

雅人　これは、開発途上国の若者にとっても、素晴らしい教育手法と思うよ。世界一流の教育をどこでも受けられるのだからね。だから、大学だけでなく、初等教育から、MOOCs のような e-learning 教育を導入すべきなんだ。

信雄　そうなると、インターネットさえあれば大学など要らないということになりませんか。

雅人　知識を得るだけならインターネットで問題はないが、大学の大きな機能は「知の活用」を学ぶことなんだ。アクティブラーニング (active learning) が、その一例だね。たとえば、本やインターネットで、車の構造などをいくら学んでも車を運転することはできない。指導者のもとで、実地で実践を積むということも学びにとっては重要なんだ。

しのぶ　それは、よくわかります。特に、研究室での研究活動

第 5 章　デジタル・トランスフォーメーション

は、とても有用と思います。これは、インターネットでは学べません。

雅人　この学びに関して、**孔子** (Confucius) の有名な言葉がある。

I hear and I forget.　　　聞いたことは忘れてしまう。

I see and I remember.　　見たことは覚えている。

I do and I understand.　　自らやったことは理解できる。

言い得て妙だね。

5. 12.　DX レポート 2

しのぶ　一方、民間企業では、コロナ禍の中で、環境の変化に迅速に適応できた企業と、そうでない企業の差が開いていると聞きます。それが業績にも大きな差異を生じる原因となっているのでしたね。

和昌　そもそも、デジタイゼーションさえできていない企業があります。また、それが、できていても有効利用できていない企業もあり、これら企業が苦戦しています。

雅人　そうだね。デジタライゼーションのインフラが整っていても、管理職の無理解から、それを活かせていない企業も多い。

信雄　だからこそ、システムの DX だけでなく、ひとの DX も重要なのですね。

雅人　2020 年に経産省が DX レポート 2 を発表したのは、このよ

うな背景がある[33]。また、レガシーシステムの刷新を DX と勘違いしている企業も多いため、アナログ文化の刷新と DX を通したイノベーション創出こそが真のねらいであることを改めて明らかにしたものなんだ。

結美子 レガシーシステムの刷新だけでは、デジタライゼーションにはならないということですね。

雅人 その通りだ。そして、そのためには、ひとの意識改革こそが重要なんだ。

5.13. GIGA スクール構想

しのぶ コロナ禍においては、大学のオンライン教育は進みましたが、実は、小中高では、それほど進んでいないと聞きます。特に公立の遅れがひどいと聞きますね。

信雄 これに関して、マスコミは、小中高では対面授業ができているのに、なぜ大学はできないのかという非難を展開していました。実は、これら学校ではオンライン授業をしたくとも、それができる環境が整っていなかったという事情があると聞いています。

雅人 そこで、小中高において高速通信ネットワーク環境を整

---

[33] その後、経産省は 2021 年に DX レポート 2.1 を、2022 年に DX レポート 2.2 を発表して、企業に DX 推進を促しているが、基本的考えは最初の 2 個のレポートにつくされている。

第 5 章　デジタル・トランスフォーメーション

備するとともに、生徒一人ひとりに PC 端末を一台使えるように
しようという構想があるんだ。

結美子　GIGA スクール構想ですね。GIGA は "Global and
Innovation Gateway for All" の略です。

雅人　政府は、そのための予算を 2020 年度末の補正予算案に組
み込んだんだ。

和昌　それでは、全国の小中高で IT 化が進んだのでしょうか。

雅人　もちろん進んではいるが、100% ではない。ただし、この
ような教育現場における ICT 環境の整備は、大変よい政策と思う
よ。

信雄　しかし、せっかくのシステムを導入しても、先生たちが
忙しすぎて使いこなせないという話も聞きました。

雅人　そうなんだ。現場にしてみればよけいな仕事が増えるだ
けだよね。だから、わたしは台湾が進めているように IT の強い
大学生や高専生に手伝ってもらえばよいと考えている。

しのぶ　確かに、それはいいアイデアですね。年の近い大学生
とだったら、子供たちも喜びますね。

雅人　いちばん大事なのは、子供たちが興味をもって、IT 教育
にのぞむことだ。先生が嫌々教えていたのでは、技術はなかな

259

か身に付かない。

信雄　それに、今の子供たちは**デジタル・ネイティブ** (digital native) なので抵抗がないと聞いています[34]。

雅人　そうだね。そして、IT 技術の利便性と意義を子供たちにわかりやすいかたちで経験させることも大切だと思う。

結美子　自分の経験からも言えますが、確かに、ひとは興味を持てば、みずから勉強するようになります。

雅人　教える側の先生が、IT 教育を楽しめるひとでなくてはならない。だから、忙しい先生に無理やりやらせるのではなく、大学生や高専生を助手として雇い、面倒をみてもらえばよいんだ。

和昌　それは、すごくいいアイデアと思います。

雅人　それが、政治の世界では、それほど簡単ではないんだ。みんなは理科支援員制度というのを知っているかな。

しのぶ　知っています。小学校のときに理科の先生の助手として実験の準備や手伝いをしてくれました。

---

[34] デジタル・ネイティブとは、生まれたときからインターネットやパソコンなどの電子機器が普及していた世代のことである。

第 5 章　デジタル・トランスフォーメーション

雅人　当時は、理科教育に対する課題があって、特に、子供たちが、なかなか実験に触れることができないという問題があったんだ。先生は、忙しい。実験をするために、準備も後片付けも大変だ。先生にそんな余裕はないよね。そこで、登場したのが、この制度だ。

信雄　僕も覚えています。ていねいに教えてくれて、実験が楽しいと思ったのは、始めてでした。理系への進学を決めたのも、理科支援員だった先生の影響が大きいです。

雅人　ところが、2009 年に政府の行政刷新会議の事業仕分けで、この制度が槍玉に上がったんだ。無駄遣いだとね。理科の先生がいるんだから、そのひとたちが実験も指導すればいいという指摘だった。

和昌　でも、それが無理だからこその制度だったのではないでしょうか。

雅人　結果として、この制度はなくなった[35]。教育の現場を知らない政治家が、単にペーパー上で無駄だと指摘した結果だ。本当に腹が立ったね。だから、IT 教育を大学生や高専生に任せたいというアイデアを出しても、それが無駄遣い扱いされて、通らない可能性が高い。

---

[35] 地方自治体では、その有用性から自前で理科支援員の配置を継続するケースもある。しかし、制度導入当時の勢いは消えてしまった。支援員の待遇も低い。

しのぶ それよりも議員定数を削減したほうがよいですよね。日本の議員数は諸外国に比べて多すぎるという指摘もあります。

雅人 法律をつくる本人が、自分に不利となる制度はつくらないよね。ただし、IT 人材の育成は、国にとって重要な使命と思う。ぜひ、強化をして欲しいといつも思っている。

信雄 ところで、先生は、DX 推進にあたって、もっとも重要なのはセキュリティ強化と言われていましたね。

5. 14. セキュリティ

雅人 そうなんだ。せっかく便利なシステムがあっても、セキュリティを突破されると、情報も盗まれるし、なによりシステムそのものを破壊されることもある。そうなると、致命的なダメージを受ける。

しのぶ 最近もある病院のサーバが攻撃されて医療データがすべて使えなくなったことがありましたね。

和昌 アメリカの石油パイプラインの会社が、ハッカーに**ランサムウェア** (ransom ware) を仕込まれて、ラインを回復するために、5 億円の身代金を払ったということがニュースに出ていました。

結美子 ランサム "ransom" というのは身代金のことでしたね。つまり、ハッキングしたあと、お金を払えば、システムが回復

262

第 5 章　デジタル・トランスフォーメーション

するというものでした。

雅人　ランサムウェアは、PC やサーバ内のファイルやデータを暗号化して、業務ができないようにするマルウェア (malware) の一種なんだ。暗号を元に戻すことと引き換えに「身代金」"ransom" を請求するサイバー攻撃のことだ。

しのぶ　犯罪者は、いろいろなことを考えますね。

雅人　実は、日本の病院への攻撃もランサムウェアだったんだ。2 億円の請求があったようだが、結局、この病院は、それを断ったので、電子カルテなどのデータは復旧しなかった。

信雄　ひどい話です。病院を狙うなんて最低です。そのために命を落とすひとも出てきます。世の中には、システムを破壊して喜ぶ愉快犯もいますから、とても難しい問題ではありますね。

雅人　そうだね。知らない間にウェブサイトの情報を書き換えたり、外部に漏洩させる愉快犯も居るからね。

しのぶ　そんなことをしても意味がないと思うのですが。それに喜びを感じる人達が世の中には居るということですね。

雅人　組織がらみのサイバー攻撃もある。DoS 攻撃と呼ばれるもので、英語では、"Denial-of-service attack" となる。これは、複数箇所から、大量の通信を発生させ、インターネットサイトを利

263

用できなくする手法のことなんだ[36]。通信回線には限界があるからね。ただし、DoS攻撃は、組織的に行う必要もあるし、お金もかかるから、バックに国家があることも指摘されている。

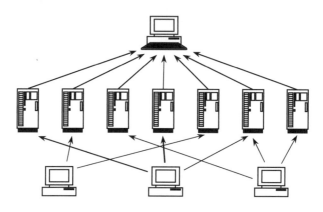

図 5-6 DoS 攻撃：狙ったサーバに大量のメールなどを送り付けることでサーバをダウンさせる。

結美子 それも怖いです。狙われたところは対処のしようがないですね。まさにサイバー戦争です。今回のロシアによるウクライナ侵攻でも、事前にサイバー攻撃があったと聞きます。また、フェイクニュースを意図的に流していますね。

雅人 実は、ここにレガシーシステムの問題も絡んでいるんだ。レガシーシステムの問題は、継ぎ足しでシステムが複雑化しているうえ、汎用性がないために、セキュリティに問題があって

---

[36] 英語の「洪水」である "flood" に擬して、フラッド攻撃とも呼ばれている。

第 5 章　デジタル・トランスフォーメーション

も対策が難しいということだ。どこに、脆弱性があるかさえも不明なのだからね。だから、レガシーシステムの刷新の必要性は、老朽化だけでなく、安全対策からも重要となる。

しのぶ　大学のシステムも脆弱なので、しょっちゅうハッキングされていると聞きました。

雅人　サイバー攻撃を可視化するツールを使って、芝浦工大への攻撃を見ると、1 日でゆうに 1 万件を超えている。そのメインは、マルウェア付きの電子メールを用いた攻撃だ。うっかり、添付メールを開けると、学内のシステムがウィルスに感染するというタイプで、多くの機関や個人が被害にあっている。

信雄　それは、驚くべき件数ですね。毎日、これらの攻撃を遮断するだけで大変な苦労をしますね。

雅人　芝浦工大が管理している個人のメールアドレスは、ゆうに 1 万件を超えている。それが 1 日に 1 回攻撃を受けただけで、1 万件となる。これは、大変な脅威だよね。

しのぶ　それを情報システムのひとたちが必死に防御してくれているのですね。それは、感謝しなければいけませんね。

雅人　最近、問題になっているのが国立大学の IT システムの脆弱性だ。メールシステムへの不正侵入により個人情報や研究データの流出が続いている。国立大学では、運営費交付金が減額されているので、メインシステムの大改修までは予算が回らな

いというのが実情だと思う。

結美子 一方で、セキュリティを過剰に強化すると、ユーザーの利便性をそぎます。すると、不便で誰も使わないということになると聞きました。

雅人 前にも言ったが、もともと国立大学はアナログ体質であり、システム整備も継ぎ足しだ。海外のサイバー攻撃者にとっては、格好の標的となっているようなんだ。

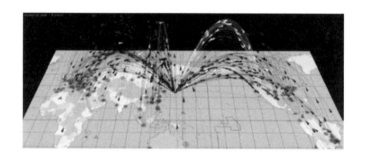

図 5-7　日本へのサイバー攻撃を可視化：日々、多彩な攻撃にさらされている。

しのぶ 国立大学なら、セキュリティの専門家も多いのではないでしょうか。

雅人 確かにそうなんだが、彼らは、自分の研究室のシステムに興味があっても、大学とは関係ないと思っているからね。

第5章　デジタル・トランスフォーメーション

結美子　かつて、芝浦工大では、セキュリティ強化のために、学生や教職員が学外からアクセスするのを制限していたと聞きました。

雅人　まあ、一度**ファイアウォール** (fire wall) を突破されたら終わりだからね。ちなみに、ファイアウォールは日本語では「防火壁」という意味になる。外部から送られてくるメールなどの情報のパケットの頭を読み取って、危険なメールを仕分けするとともに、管理者に知らせてくれるシステムのことだ。

信雄　それでもハッカーたちは、ファイアウォールを越えて侵入しようとしてきますよね。

雅人　さらに、システムの脆弱性を見つけては、攻撃もしかけてくる。OS の Windows が毎日のように更新プログラムを送ってくるのは、そのためなんだ。

和昌　確かに、セキュリティはとても重要ですが、一方で、それがテレワークの妨げにもなったと聞いています。たとえば、会社のデータは社外持ち出し禁止や、社外から会社のシステムへのアクセスを禁止するとなると、テレワークが成立しません。

雅人　いまでは、セキュリティを強化したうえで、使い勝手のよいシステムが導入されているが、かなりの神経を使っているのも確かだね。特に外からのアクセスには、何重ものセキュリティを施している。
　実は、芝浦工大で、学修ポートフォリオに保護者もアクセス

できるようにしようという案が出たとき、当初は 10 個のセキュリティチェックを設けるという仕様だったんだ。

信雄 10 個も関門があったら、誰も使いませんね。

雅人 確かにそうなんだが、セキュリティを強化するという立場の監視者からは、どうしても厳しいほうにシフトしたいよね。最後には、2 重のチェックで済むように変更してもらったんだが、セキュリティは重要だが、やりすぎは困るよね。

しのぶ ところで、情報関連の研究者を多数抱える大学のシステムが、脆弱なために世界からサイバー攻撃の標的になっているという事態は恥ずかしいことではないでしょうか。

雅人 わたしは、大学の英知を結集して、利便性を落とさずにセキュリティを高める技術開発を日本全体で推進すべきと思っているんだ。そこに予算を投入すべきだね。

信雄 それも政治判断ですね。ところで、2021 年にデジタル庁が発足しましたね。この主な狙いは何なのでしょうか。

5.15. **デジタルガバメント**

雅人 ガバメント・クラウド (Government Cloud) の構築とセキュリティ強化になる。

しのぶ 政府の行政サービスを、クラウドを利用して行うとい

第 5 章　デジタル・トランスフォーメーション

うものなのでしょうか。

雅人　その通りだ。いい機会なので、**クラウド・コンピューティ
ング** (cloud computing) から復習してみようか。

和昌　このクラウドは、ベンチャーのところで紹介された**クラ
ウド・ファンディング** (crowd funding) とは違うのでしたね。

雅人　ああ、そちらは、群集の意味の "crowd" で、不特定多数の
支援者から、ファンドを集めるという意味になる。ガバメント・
クラウドの「クラウド」は雲という意味で、英語の "cloud" にあ
たる。

結美子　クラウドというのは、インターネットなどを通してプ
ログラムを動かしているという程度の知識しかありませんが、
なぜそうするのかもよくわかりません。

雅人　まあ、これはコンピュータの進歩の歴史とも関係がある
んだ。第 1 章で習ったように、コンピュータは 0, 1 からなる機械
語しかわからない。そのため、人間がわかりやすいプログラミ
ング言語で、プログラムをつくったのち、コンピュータに指令
を出すときには、機械語に翻訳するのだったね。

信雄　はい、それはわかります。でも、もともとは紙リールに 8
ビットの孔を空けてプログラムを動かしていたと聞いて少し驚
きました。

269

5.15.1. PCの高度化

雅人 しかし、コンピュータが高性能化するとともに、ソフトも高度化して、メモリ容量も増えていったんだ。そして、紙リールが、カードになり、さらに**パーソナルコンピュータ** (personal computer: PC) が大容量化して、プログラムをフロッピーディスクに記録して読み込むようになった。

結美子 フロッピーディスクでワープロ用のソフトが売られていたそうですね。「一太郎」や「花子」がそうだと聞きました。

雅人 しかし、毎日使うプログラムを、そのたびにフロッピーで動かすというのは面倒だよね。そこで、PC に搭載されたハードディスクに汎用プログラムは記憶しておくようになったんだ。

しのぶ それならば、電源を入れれば、すぐにソフトが動かせるので便利ですよね。

図 5-8 ワープロソフトの一太郎が入ったフロッピーディスク。ユーザーはフロッピーからソフトを読み込んで作業していた。

雅人 そうなんだ。それまでフロッピーを読み込ませて PC を動

第5章　デジタル・トランスフォーメーション

かしていた経験のある人間にとっては、本当に革命だと思った
ね。ただし、違法コピーと言って、本来、ひとりしか利用でき
ないソフトを複数の人間が使い回しするという事案もあったり
したね。

和昌　それも、よく聞きます。確か、大学で教員や学生の違法
コピーが横行したため、ソフト会社から巨額の罰金を請求され
た事件がありましたね。

雅人　そうなんだ。ある大学は4億円請求されたと聞いている。
いまだに違法コピーは問題となっているよね。そこで、多くの
大学では、大学として一括契約しているところも多い。そして、
教職員や学生が自由にソフトを使えるというものだ。

結美子　ところで、アプリケーションソフトの容量が増えると、
時間がかりますね。

雅人　そうなんだ。それを立ち上げるだけで数枚のフロッピー
ディスクが必要となるようになった。

しのぶ　一枚では足りないので、複数に記憶させていたのです
ね。

雅人　いまでは信じられないよね。PCの進歩にともなって、1人
で数台のパソコンを持つのも当たり前になってきた。一方で、
記憶装置の容量が増えたので、いまでは、OS も含めた必要なア
プリなどは ROM に記憶させて、電源を入れただけでコンピュー

タが動くようになっている。

和昌 確かに、そうですね。いまは、ROM の容量も大きいので、いろいろなソフトがインストールできます。

雅人 ただし、バージョンアップするたびに、CD などで新たなプログラムをインストールするのは結構大変だよね。

信雄 いまでは、インターネットのサイトでソフトを購入して、そこからダウンロードできるようになりましたね。

5. 15. 2. サーバによる管理

雅人 とは言え、大学の研究室などまで入れたら、大学が管理するコンピュータは優に 10000 台を超える。そこで、大学はメインサーバを用意して、そこでソフトやデータを管理するようにしたんだ。つまり、大学のユーザーは大学のサーバにアクセスして、ソフトをダウンロードできるようになった。また、大量のデータも保存・管理できる。

結美子 なるほど、それは賢いですね。それならば、大学が一括してソフトを管理すればよいのですね。

雅人 もちろん、教員には自由人が多いから、大学には依存せず、自分の研究室のソフトを自前で整備していることも多かったが、一般のひとから見れば手間やコストの面から大いに助かったことは事実だ。

第 5 章　デジタル・トランスフォーメーション

和昌　とすると、サーバは、かなり巨大なものになるのでしょうか。管理も大変ですね。

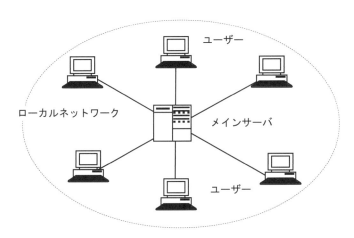

図 5-9　大学や企業などでは、メインサーバを用意し、データ保存やソフト、アプリケーションを提供している。メインサーバは外部のインターネットにもつながっており、電子メールも管理している。

5.15.3.　データセンター

雅人　そうなんだ。そこで、**データセンター** (data center) と呼ばれる外部の建物を借りて、サーバを置くところも出てきた。

信雄　外部に置いて大丈夫なのでしょうか。

雅人　いろいろな意味で大学に置いているよりもメリットがあるんだ。まず、サーバが安心安全に運転できる環境にある。実は、サーバには大量の半導体がつかわれているので、温度管理

も重要だ。大容量の電源も必要になる。データセンターでは、これら条件がすべて整っており、自前で管理するよりも、はるかに安心なんだ。

しのぶ なるほど。確かに、パソコンが異常に熱くなって故障することもありますね。サーバを置く部屋は温度管理が大変だと聞いたことがあります。確か、真夏でも 25℃ 以下に保つ必要があると。

結美子 電子機器は水分に弱いですから、当然、湿度も重要ですね。日本の夏は、高温多湿です。

雅人 データセンターでは、これらを管理しているんだ。空調の風の流れまで計算して設計されている。

和昌 それはすごいです。

雅人 さらに、センターの建物は耐震構造となっているので災害にも強いし、停電に備えて非常電源も確保されている。万が一、火災が起きても、水ではなく、CO_2 や N_2 ガスで消化するようになっている。

結美子 緊急事態にも備えがあって、サーバがきちんと動くような環境が整っているのですね。

信雄 確かに、それならば大学に置いているよりもよさそうですね。

第5章　デジタル・トランスフォーメーション

雅人　このため、いまでは、サーバをデータセンターに置く大学や企業もかなり、増えているんだ。

しのぶ　それは、サーバを置く場所を変えただけですね。

雅人　自分のサーバをデータセンターに置くことを**ハウジング** (housing) と呼んでいる。一方、データセンター側で用意したサーバやネットワーク機器を借りて使うこともできる。これを**ホスティング** (hosting) と呼んでいる。**レンタルサーバ** (rental server) と呼ぶこともある。これならば、外からのサイバー攻撃に対しても、最新の対策をとってくれる。

結美子　そのほうが安心のような気がします。

雅人　そうなんだが、自前のサーバよりも、コストがかかるという問題がある。

しのぶ　ところで、本題のクラウドとはどういうシステムでしょうか。

5. 16.　クラウドとは

雅人　それは、インターネットを介して、データやソフトウェアを提供してくれるシステムのことなんだ。みんながパソコンで作業するためには、必要なソフトウェアをインストールしなければいけないよね。たとえば、Word という文書作成ソフトを自分の PC にダウンロードして、初めて使うことができる。

275

信雄 クラウドでは、自分の PC に Word がインストールされていなくとも、インターネットにつなげれば、すぐに作業ができて、作成した文書データも保存してくれるのですね。

雅人 そうなんだ。極端なことを言えば、インターネット環境さえあれば、自宅には何もいらないということになる。もちろん、クラウドを提供してくれる業者に対して料金を払う必要はあるがね。

しのぶ とても便利と思いますが、少し不安もありますね。たとえば、インターネット接続トラブルが起きれば、作業ができなくなります。

雅人 確かにそうだね。ただし、個人で考えればそうだが、大きな組織としては、新しいソフトの導入があっても、クラウド側が全部やってくれるので、とても便利なんだ。Word 程度ならば、自分の PC にインストールしておけばよいが、ソフトウェアによっては、かなり容量の大きなものもあるよね。そして、自分のパソコンの性能に関係なく処理できるというメリットもある。

結美子 クラウドは、どの程度浸透しているのでしょうか。

雅人 実は、ものすごいスピードで浸透しつつある。たとえば、病院の電子カルテなどにもクラウドが使われるようになっている。病院のサーバにサイバー攻撃があり、ランサムウェアに感染した話をしたよね。実は、クラウドにしておけば、その被害

第5章 デジタル・トランスフォーメーション

は防げたんだ。

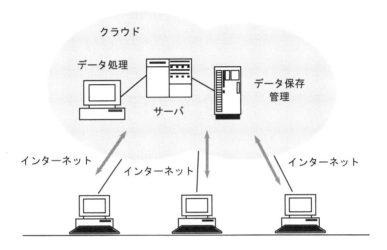

図 5-10 クライアントは、インターネットにつなげれば、クラウド上のサーバを通して、ソフトやアプリケーションの利用とデータ処理、保管、管理が可能となる。

信雄 その病院は、自前のサーバを持っていて、そこにデータを保管していたのですね。

雅人 そうなんだ。この方式を**オン・プレミス** (on premises) と呼んでいる。"premises" は、"premise" の複数形で「敷地ならびに敷地内の建物」という意味を持つ。"on the premises" では、「自分の敷地内で」となり、オンプレミスは、自社内にサーバ・ネットワークを形成する方式だ。ただし、その場合、サイバー攻撃は自分で防御する必要がある。今回は、その脆弱性を攻撃されたん

だ。

和昌 いわゆるレガシーシステムだったのですね。クラウドで
あれば、セキュリティがしっかりしているのでしたね。

しのぶ そう言えば、世界中で病院のシステムが狙われている
と聞きました。日本でも被害が、かつての 10 倍以上になってい
るようですね。これらは、全部オンプレミス型なのですね。

雅人 そうだ。かつてはクラウド型がなく、オンプレミスが当
たり前という事情もある。

結美子 なるほど、なかなか難しいですね。最初に、自前のサー
バ・ネットワークを整備した先進的な病院のシステムがレガシ
ー化してしまうという皮肉ですね。

雅人 だから、トップの判断が重要になる。クラウドでは、専
門のベンダーが管理しているから、セキュリティに関しても最
新の技術が常に更新され適用されている。たとえば、WAF (web
application firewall) というファイアウォールがあって、ユーザー
が自前でセキュリティ対策を講じるよりも安心なんだ。

しのぶ WAF とはなにが特徴なのでしょうか。

雅人 Web アプリケーションを守ってくれるセキュリティシステ
ムだ。たとえば、ネットショッピングなどで、クレジットカー
ドを使うサイトで使われている。具体的には、アプリケーショ
ンに実装するのではなく、その前のアクセス時や、ネットワー

278

クに配置して、全体を守るというものだ。

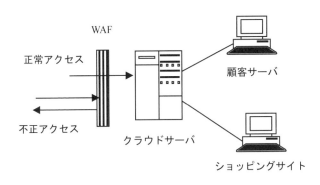

図5-11　WAFによるネットワークの防御

結美子　アプリケーションに脆弱性が見つかると、更新プログラムが送られてきますが、そうではなくて、ネットワークでセキュリティを強化しているのですね。

雅人　そうだ。アプリケーションの脆弱性は、なかなか見つけにくいし、攻撃されても気づかないことが多い。そのまえに、ネットワークへの不正侵入を見つけて遮断するというものだ。

和昌　なるほど、自前で毎日のように更新されるセキュリティ対策を導入するのは、そう簡単ではないですよね。それは、WAFの管理者がやってくれるのですね。

雅人　そうだ。ただし、完全なセキュリティ対策は、残念ながらないのも事実だ。どんなに強固なファイアウォールであって

も、それを突破しようとする輩は世界中に存在するし、国家ぐるみの犯罪集団もある。そして、サイバー攻撃の場合、防御側よりも攻撃側のほうがはるかに有利なんだ。なぜなら、攻撃側は一か所でも脆弱性を見つければよいが、防御側はシステム全体を監視しなければならない。

しのぶ　確かに、守る側は大変ですね。ところで、クラウドの導入状況はどうなのでしょうか。

5.17.　クラウド導入の例

5.17.1.　電子カルテ

雅人　もちろん、どんどん進んでいる。ここでは、電子カルテと行政サービスを紹介する。

結美子　病院の電子カルテは便利だなと思っていました。手書きでは、病院の倉庫で閉じていますが、電子カルテならば広く共有できますよね。電子カルテは共通の枠組みがあるのでしょうか。

雅人　残念ながら、そうなっていない。電子カルテを提供する会社、つまり**ベンダー** (vendor) が、国内だけで 150 社もあるらしい[37]。もちろん、メインは 10 社ぐらいに絞られるらしいが。

---

[37] ベンダー (vendor) は広義では、売り手のことである。自動販売機は、ベンディングマシン (vending machine) と呼ばれる。クラウドなどのシステム開発会社だけでなく、OA機器の納入業者もベンダーと呼ばれることがある。

第5章　デジタル・トランスフォーメーション

信雄　当然、仕様は共通化されているのでしょうか。

雅人　それが、会社によって違うんだ。ベンダーごとに、自社の製品が素晴らしいと宣伝している。病院によっては、診療科ごとに別々のベンダーと契約しているころもあるらしい。大学病院では、もっとひどくて、先生ごとにベンダーが違うらしい。

和昌　それでは、デジタル化した意味がないですね。デジタイゼーションが進んでも、デジタライゼーションができていない典型ですよね。

雅人　ただし、いまでは、オンプレミスではなく、クラウドサーバを利用する病院も増えている。

しのぶ　クラウドを提供するベンダーは共通化されているのでしょうか。

雅人　いや、これも乱立しているんだ。データがデジタル化されていれば、いろいろな処理が可能となる。AI を使って共通フォーマットに変換することも可能だ。また、最近では、**インターオペラビリティ** (interoperability) という手法があって、異なるコンピュータのシステム間で互換性を高めるという技術も開発されつつある。これが、可能になれば、データがデジタル化されていれば、仕様が異なってもその共有化も可能となる。

信雄　それは、とても有望な開発ですね。いずれ、ランサムウェアの攻撃もありましたから、病院の電子カルテが、よりセキ

ュリティの高いクラウドに移行すればよいですね。

雅人　もちろん、そうなんだが、クラウドにデータを移行するにはコストもかかる。それに耐えられない病院も多いんだ。ただし、電子カルテのセキュリティは、国家として対処すべき課題と思うよ。

和昌　確かにそうですよね。診療記録が見られなくなったら、病気の診断や治療にも影響を与えます。

雅人　いまのところ、いろいろな病院団体が、セキュリティ対策に乗り出しているとともに、政府の支援も求めている。この際だから、クラウド利用の標準化も一緒に進めてほしいね。

しのぶ　そういう意味では、公的なデータを扱う機関は、セキュリティの高いクラウドへの移行が重要ですね。ところで、クラウドは、行政サービスにも浸透しているのですか。

5.17.2.　行政サービス

雅人　実は、かなりの自治体が行政サービスにクラウドをすでに導入している。日本全体では、7割の市区町村がクラウドを利用しているんだ。

結美子　それはすごいですね。知らない間に進んでいたのですね。そう言えば、コンビニで住民票などを発行してくれますが、これもクラウド化の効用なのでしょうか。

第 5 章　デジタル・トランスフォーメーション

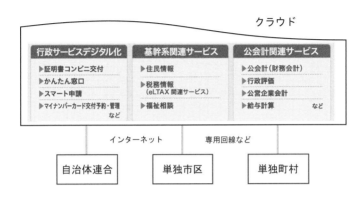

図 5-12　行政サービスなどでクラウドを利用する自治体が増えている。

雅人　まさに、そうだね。かつての自治体は、庁舎内に自前のコンピュータサーバを持っていて、そこで、住民基本台帳[38]などの住民に関するデータを保管していたんだ。

和昌　その前は、手書きだったと聞いています。

雅人　だから、誤字や脱字の間違いもあるし、日付の誤記などもあった。もちろん、住民票を発行するのにも相当の時間がかかっていた。デジタル化は大変な進歩だったんだ。

しのぶ　これが、デジタイゼーションですね。ところで、住民票発行などや管理などの自治体の業務処理はどうしていたので

---

[38] 市区町村が、住民全体の住民票を世代ごとに編成して作成した台帳のことである。

しょうか。

雅人 それも問題なのだが、実は、それぞれの自治体独自の方法で処理していたんだ。もちろん、ソフトをつくるのは外部の業者だ。驚くことに、それぞれの自治体ごとに、別々のシステム業者が付いているという状態だったらしい。

結美子 それでは、他の自治体に引っ越ししたときのデータ移管など手間取りますね。

雅人 まさに、その通り。それに業者がつくったソフトにはバグもある。だから、行政サービスは、全国共通にして、みんなが知恵を出し合ってより良いものにすればよいと、わたしはずっと思っていたんだ。

信雄 普通に考えればそうですよね。

雅人 ただし、誰が音頭をとるかも問題だし、自治体ごとにすでに異なるシステムを入れてしまっているので、統合は難しい。ところが、ここでもレガシーシステムの問題が生じる。コストや手間が莫大になってきたんだ。そこで、複数の自治体が協働してシステムを運用するようになった。今では、クラウドの導入も進んでいる。また、サーバも庁舎内ではなく、データセンターに置くようになっている。

しのぶ なるほど、複数の自治体で情報システムをクラウドで共有化するというのは、よいアイデアですね。

第 5 章　デジタル・トランスフォーメーション

雅人　ただし、昔からの業者との関係もあり、いまだに単独ク
ラウドを運用している自治体も多いんだ。

結美子　えっ、市区町村が単独でクラウドを契約しているとい
うことですか。

雅人　その通り。ただし、これでは、コストもかかるし、非効
率だよね。そこで、登場するのが、ガバメント・クラウドだ。

しのぶ　デジタル庁が主導して、行政サービスのプラットフォ
ームとなるクラウドを開発しようという試みでしょうか。

5.18.　**クラウドサービス**

雅人　簡単に言えばそうだね。クラウドには、**サーズ** (SaaS)、**パ
ース** (PaaS)、**イアース** (IaaS) のメインのサービスがある。もちろ
ん、これだけではないがね。

結美子　サーズ "SaaS" は "Software as a service" の略で、インタ
ーネット経由でソフトウェアを利用するサービスでしたね。こ
のイメージは湧きやすいですよね。

和昌　パース "PaaS" は "Platform as a service" の略で、ソフトウェ
アを実行するプラットフォームをクラウドで提供するものです
よね。ガバメント・クラウドでは、各自治体に対し、まさにソフ
ト利用のためのプラットフォームを提供しようとしているので
すね。

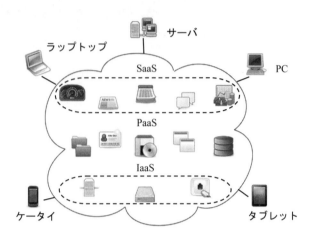

図5-13　クラウドサービス：SaaS, PaaS, IaaS

信雄　そして、イアース "IaaS" は "Infrastructure as a service" の略で、大きな容量のデータを保管するハードディスクを提供するなどのハード面のサービス提供でしたね。

雅人　そうだ。ハース "HaaS" つまり、"Hardware as a service" と呼ぶこともある。イアースを使うと、複数のパソコンを使わないといけないような作業も、ユーザーのパソコン1台で複数の画面を管理して利用することもできる。

しのぶ　監視カメラがそうですね。複数の監視カメラ映像が1台のパソコンで管理できます。ところで、ガバメント・クラウドの試みは、とても素晴らしいと思いますが、どの程度進んでいるのでしょうか。

第 5 章　デジタル・トランスフォーメーション

雅人　まず、第一弾として、2021 年から先行事業が行われている。これは、いつくかの自治体を選定して、標準化対象とされている住民記録、地方税、福祉などの主要な 17 業務について、デジタル庁が提供するプラットフォーム上で、標準仕様のもとシステム運用を試行するものなんだ。

結美子　それは期待ができますね。ところで、ガバメント・クラウドを開発する業者は決まっているのでしょうか。

雅人　政府の公募に対して、Amazon, Google, Microsoft の 3 社が手を挙げている。それぞれ、Amazon Web Service (AWS) , Google Cloud, Microsoft Azure というクラウドを提供している。

和昌　日本の企業は手を挙げなかったのでしょうか。

雅人　まあ、仕様要求が 350 項目にわたり、一つ一つの条件が厳しかったという話もある。結局、世界的に実績のある 3 社が手を挙げたんだ。

しのぶ　結局、どこに決まったのでしょうか。

雅人　最初の年は、Amazon と Google に決まった。

結美子　えっ、Microsoft が落ちたのですか。

雅人　関係者の間でも驚きの声が上がったが、これは公的な開発であり、今後、大いに発展する分野でもある。2022 年には、

Microsoft と Oracle が選定された。さらに 2023 年には、日本のベンダーであるさくらインターネットが選定され大きな注目を集めた。だから、特定の業者というよりも産官が協力して進めるべき事業だ。

和昌 肝心のセキュリティはどうなっているのでしょうか。

雅人 ガバメント・クラウドは、個人情報も含めた重要かつ大量のデータを取り扱う。だから、当たり前のことだが、万全なセキュリティ対策が求められる。

しのぶ 確かに、データが外部に流出したら大変ですよね。

雅人 そこで、先行事業においてもセキュリティは最重要事項に据えられているんだ。ガバメント・クラウドが提供するセキュリティシステムは CDN (contents delivery network) と WAF (web application firewall) がメインだが、この他のセキュリティシステムも含めて、自治体による実践でのトライアルが始まっているんだ。

信雄 WAF は前にも出てきたファイアウォールですよね。CDN とは、どんなセキュリティなのでしょうか。

雅人 正確に言うと、CDN はセキュリティソフトではないんだ。この方式のネットワークを組めば、結果としてセキュリティ強化にもつながるシステムのことだ。

和昌 具体的にはどんなシステムでしょうか。

第5章 デジタル・トランスフォーメーション

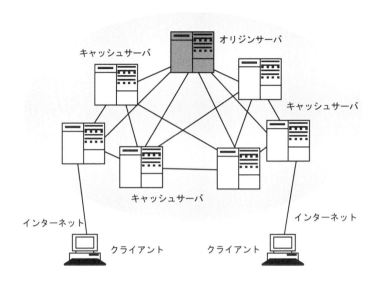

図 5-14 CDN の仕組み: 本来のオリジンサーバだけでなく、同じデータを共有する複数のキャッシュサーバからなる。クライアントは、どのサーバにアクセスしても同じサービスが得られる。

雅人 簡単に言えば、同じデータを記憶したサーバを複数設置するシステムのことだ。メインの**オリジンサーバ** (origin server) と、複数の**キャッシュサーバ** (cache server) からなるネットワークだ[39]。たとえば、1台のオリジンサーバと、6台のキャッシュサーバがあるとしよう。ユーザーは、どのサーバにアクセスしても、同じ作業をすることが可能となる。

---

[39] キャッシュ "cache" には「宝物の隠し場所」や「安全な貯蔵所」という意味があり、キャッシュメモリのように使われる。ネットワークのエッジに位置することから、エッジサーバ (edge server) と呼ばれることもある。

しのぶ　とすれば、どれか1つのサーバがダウンしても、他のサーバがカバーしてくれるのですね。

雅人　たとえば、ある企業のメールシステムに大量のメールが送り付けられる DoS 攻撃を受けたとしよう。この時、10台のなかの1台のサーバがそれを担う。その結果、このサーバがダウンしても、他のサーバが動いている限り、その企業のメールシステムは守られ、通常業務も支障なく進めることができるんだ。

信雄　なるほど。攻撃があっても複数のサーバがあるので、1台が犠牲になっても、他がカバーできるということですか。

結美子　それは、重要ですね。国が主導するかたちで、ガバメント・クラウドを構築し、セキュリティを万全としたうえで、自治体がそれを利用することは大切です。

雅人　いま、日本政府がデジタル化に向けて本格的な始動をしたことになる。まさに日本の国全体が DX へ向かう試金石になると思う。

第6章　人工知能－AI

雅人　それでは、今日のゼミでは、デジタル技術において、いま大きな注目を集めている**人工知能** (artificial intelligence: AI) を取り上げたいと思う。

信雄　いまや、AI というよりも ChatGPT がすっかり主役になりましたね。

雅人　AI の一種だが、**プロンプト** (prompt) と呼ばれる指示や質問をすると、まるで人間のような自然な言語で答えてくれる。しかも、明確な答えのない質問にも、新しいアイデアや選択肢が返ってくる。その性能には驚くばかりだ。

しのぶ　GPT は "generative pre-trained transformer" の略でしたね。

雅人　そうだ。"generative" を「生成」と訳して、生成 AI とも呼ばれている。つぎの "pre-trained" は、事前に訓練されたという意味だ。ChatGPT でも大量のデータを使った事前学習が行われている。

結美子　GPT の T に対応した transformer の意味がよくわからない

のですが。どんな意味なのでしょうか。

和昌 電気の変圧器と習った記憶があります。日本でも、英語をつかってトランスとも呼びますよね。電柱に載っています。

雅人 そうだね。もともと transform には「変換する」という意味がある。いま話題の transformer は 2017 年に Google が開発したコンピュータの学習モデルのことを指すんだ。膨大な言語データをベクトルや数値に変換して単語の関連性を予測し、文脈を学習することができる。**自然言語処理** (natural language processing: NLP) の革命と呼ばれていて ChatGPT の回答が、自然な言語になっている要因と言われているんだ。

信雄 ところで、LLM という用語もよく聞きますが、ChatGPT との関係はどうなのでしょうか。

雅人 LLM は "large language model" の略で、日本語では「大規模言語モデル」と呼ばれている。生成 AI は、文書や画像や音声などを生成できる AI 技術の総称だ。LLM は生成 AI の一種だが、自然言語処理を行うモデルのことなんだ。

結美子 なるほど。LLM は生成 AI の一種なのですね。とすると、ChatGPT は LLM なのでしょうか。

雅人 その通り。ChatGPT は OpenAI が開発した LLM のことだ。この他にも、Google の PaLM など、LLM には数多くの種類がある。Meta の Llama や Databrick の Dolly など、だれでも使えるモ

第6章　人工知能－AI

デルもオープンソースとして提供されている。

しのぶ　そんなに種類があったのですね。それならば、開発競争がはげしいですね。

雅人　そうなんだ。まさに、世界的な競争にある。日本でも、政府主導で日本語に特化した LLM を構築しようというプロジェクトが始まっている。実は、ChatGPT が注目されたのは、AI では到達困難とされていた言語処理能力を身につけたからなんだ。もともと言語の解釈は難しい。たとえば、little girl's school という英語では、少女が小さいのか、学校が小さいのかわからない。

信雄　形容詞の little がどちらにかかるかですね。"Time flies like an arrow" も 6 通り以上の解釈が可能と聞きました。それが、transformer によって、解釈の精度が向上して、まさに、前後の文脈を読み取れるようになったのですね。

結美子　そう言えば、あの有名なイーロン・マスクが Open AI を訴えていましたね。

雅人　実は、彼は 2018 年に設立された Open AI の出資者のひとりだったのだ。しかし、なかなか成果がでないので、しびれを切らして出資を取りやめた。そこで、Open AI は Microsoft の支援を受けて開発を続け、2022 年 11 月に ChatGPT をリリースし、その 2 か月後には 1 億ユーザーを超えて世界的大フィーバーとなったんだ。

結美子 イーロン・マスクは面白くなかったでしょうね。ところで、なにかブレイクスルーがあったのでしょうか。

雅人 LLM では大量のデータを事前学習する。データの入力量を増やせば、性能も向上すると考えられるが、それまでの AI では、逆に性能が落ちるという問題があった。ChatGPT では、この問題を解決できたことが大きい。そのうえで、データ量を増やしたら、突然 AI が賢くなった。ただし、その理由は人間には理解不能と言われている。

和昌 イーロン・マスクはもう少し辛抱しておけばよかったのですね。

　しかし、人間には理解できない変化が起こったということですか。それが、政治家を含めた多くのひとが AI に対して空恐ろしさを覚えた理由なのですね。

6.1. シンギュラリティ

雅人 みんなは、**シンギュラリティ** (singularity) という言葉を聞いたことがあるかな。

しのぶ 日本語では「特異点」でしょうか。2045 年に AI が人類の知能を超える年のことを言っていると聞きました。

雅人 米国の未来学者の**レイ・カーツワイル** (Ray Kurzweil) が2005 年に出版した "The singularity is near"（日本語訳出版では『ポストヒューマン誕生』）という本で、その概念を紹介したものだ。

第 6 章　人工知能 — AI

信雄　ChatGPT の登場は、それを感じさせるのですね。このまま進歩すると、やがて AI がひとを支配するようになるのでしょうか。

雅人　生成 AI の登場で、シンギュラリティは 2025 年に早まるという話もある。それを心配しているひとも多いが、AI が人類の脅威になるという考えは、違うと思うよ。シンギュラリティを提唱しているカーツワイル自身も、AI の良い面を強調しているんだ。

結美子　そうなのですか。少し誤解していました。

雅人　人工知能脅威論がクローズアップされたのは、2013 年に、オックスフォード大学の**フライ** (Carl B. Frey) と**オズボーン** (Michael Osborne) によって発表された「**雇用の未来**」 "The future of employment" という論文による影響が大きいんだ。

しのぶ　どんな内容なのでしょうか。

雅人　彼らは「10〜20 年以内に労働人口の 47% が機械つまり AI に代替されるリスクがある」という予想を発表したんだ。

和昌　労働者の半数が失業するという発表は、衝撃的ですね。

雅人　日本の雑誌も次々と関連記事を載せ、どんな職種が AI に奪われるかという特集も組まれた。

結美子　そう言えば、AI がチェスや将棋のプロに勝ったことも注目を集めましたね。

雅人　世の中が驚いたのは、2016 年に、Google が開発した AI 搭載型コンピュータソフトの「**アルファ碁**」"Alpha Go" が、囲碁の世界チャンピオンに勝ったことなんだ。

しのぶ　チェスや将棋のプロが負けたのですから、囲碁に関しても時間の問題と思うのですが。

雅人　実は、囲碁の指し手の数は膨大で、2015 年時点では、AI がプロに勝つのには 10 年かかると言われていたんだ。

和昌　それが 1 年で達成できたのですね。何があったのでしょうか。

6.2.　機械学習

雅人　それは、AI に**機械学習** (machine learning) という技術が応用されたことなんだ。それまでは、ソフト開発者が作成したプログラムにしたがってコンピュータが碁石を動かしていた。この場合、その棋風はプログラムに依存する。つまり、プログラマーの技量が AI の強さに影響を与えることになる。

しのぶ　コンピュータを動かすのはプログラムですから、当たり前ではないでしょうか。

第6章　人工知能−AI

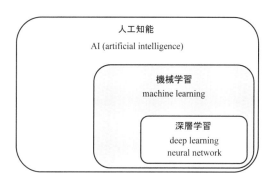

図 6-1　人工知能 (AI) の機能の構造化。AI の機能のひとつに機械学習 (machine learning) があり、その機能のひとつとして深層学習、すなわちディープ・ラーニング (deep learning) がある。

雅人　機械学習はそうではないんだ。AI が囲碁のパターンを学習する機能のことなんだ。これによって、人間がプログラムを組まなくとも、AI の囲碁の腕前が上がっていく。

和昌　それは、すごいことですね。だから、たった 1 年でプロに勝てるようになったのですね。

雅人　ああ、1 年間で、歴史上の囲碁の対戦棋譜をすべて学習したうえで、みずから対戦を繰り返したという。機械である AI は、電源のある限り休まず動き続けるからね。

結美子　確かに、人間は睡眠をとる必要がありますが、AI は 24 時間動き続けることができますね。ところで、機械学習とは、

どのような技術なのでしょうか。

雅人　たとえば、コンピュータが写真を見て、犬と猫を区別できる方法をみずから学ぶことだ。

信雄　そんなことができるのですか。通常は、プログラムによって指定された特徴、たとえば大きさ、かたち、色などから識別するしかないように思えます。

雅人　ただし、プログラムによって犬と猫を区別することは、とても難しいよね。

しのぶ　確かに、色の違いでは区別できませんし、大きさは種類によって違います。犬猫の区別とは別物です。耳のかたちでも無理ですし、毛並みでも区別はつきません。

信雄　人間ならば5歳ぐらいで犬と猫の識別は可能と言われていますが、プログラムで指定しようとすると、確かに、困ってしまいますね。

雅人　機械学習は数多くのデータ、つまり**ビッグデータ** (big data) [40]をもとに、AI 自らが経験を通して、区別の仕方を学習していくという手法なんだ。AlphaGo では、AI が囲碁のパターンを自ら学習するという機械学習の機能によって、人間がプログラ

---

[40] ビッグデータは、膨大で多様かつ複雑なデータのことであるが、数量的な定義があるわけではない。人間では処理できない量のデータのことである。

第6章　人工知能－AI

ムを組まなくとも、AI が自ら囲碁のパターンを学習してくれる
ようになった。

結美子　その結果、短期間での強化につながったのですね。で
も AI の頭の中はどうなっているのでしょうか。

雅人　前にも言ったが、これが、人間にはわからないんだ。

しのぶ　えっ、そうなんですか。まあ、確かに AI が考えている
ことが人間にわかるなら、ゲームで負けないですよね。

雅人　実は、機械学習には「**教師あり学習**」 "supervised learning"
と「**教師なし学習**」 "unsupervised learning" がある。

和昌　その違いは何なのでしょうか。

6.3.　教師あり学習

雅人　「教師あり学習」のほうがわかりやすいので、その説明
からしていこう。まず、犬と猫の区別を例にとると、コンピュ
ータに画像を見せて、犬か猫かを判断させるんだ。そして、間
違いだったら、人間が「それは正しくない」と教える。これを
繰り返していくと、次第に、コンピュータの識別能力が向上し
ていく。これが「教師あり学習」だ。

信雄　なるほど、人間が教師となって、コンピュータが正しい
判断ができるように仕向けることですね。

299

雅人 犬猫の区別は難しいので、まずは、数式を例にとって考えてみよう。いま、求める正解は、$y = x^2$ としよう。ここで、データ (x, y) として $(0, 0)$ と $(1, 1)$ が用意されていたとする。コンピュータに $x = 2$ のときの y の値を出力するよう命じたら、$y = 2$ と返ってきたとする。

結美子 なるほど、このとき、コンピュータは $y = x$ と推測したのですね。

雅人 そこで、$y = 2$ は間違いで、$y = 4$ が正解と教えてあげる。そのうえで、$x = 3$ のときの y の値を聞けば、$y = 9$ と正解を出力する。これでコンピュータは学習したことになる。これが、一種の機械学習だ。

しのぶ なるほど、よくわかります。コンピュータは賢くなったのですね。

雅人 「教師あり学習」が得意なのは、**回帰** (regression) と **分類** (classification) と言われている。いまの $y = x^2$ の例は「回帰」に属する。

信雄 これは、いわゆる**回帰分析** (regression analysis) の回帰ですね。もうひとつの「分類」というのは、犬と猫を識別して分類するというものでしょうか。

雅人 そうだ。たとえば、数多くの画像を見せて、それぞれの画像が犬か猫かを AI に聞いていくんだ。そして、正解か不正解

かを教えていくと、次第に識別能力が高まっていく。

和昌　アルファ碁も「教師あり学習」で強くなったのですね。

雅人　そうだね。チェスも将棋も囲碁も、駒の動かし方のルールは決まっているし、勝ち負けも決まっている。だから、教師が指し手を教えていけば、パターンを認識してくれる。ただし、このままでは人間が教えた手しか学ばないので、**強化学習** (reinforcement learning) も導入する。

信雄　強化学習とは、どのようなものですか。

6.4.　強化学習

雅人　囲碁を例にとって考えてみよう。まず、AI は、指し手のルールや基本事項は学習しているものとする。そのうえで、AI が自身で囲碁の対戦をスタートするんだ。

和昌　なるほど、一人将棋や一人囲碁のようなものですね。

雅人　その通り。もちろん、最初は試行錯誤だが、回数を重ねるごとに、勝ちのパターンを学習する。アルファ碁は、人類が過去に行った対戦棋譜を 1 週間で再現したとも言われている。

しのぶ　それは、すごいですね。

信雄　ルールさえ理解していれば、機械でも対戦ができるので

すね。しかも、AI は機械なので、電源さえいれておけば、何万回、いや、何百万回でも対戦を行い、学習するのですね。

雅人　いまでは、何億回以上だ。これが強化学習だ。

和昌　この強化学習の手法は、いろいろなところに応用可能ですね。将棋もチェスも、他のゲームもすべて、この手法で上達できます。

雅人　実は、Google は、人間の棋譜を教えないで、囲碁のルールと強化学習だけで「アルファ碁ゼロ」という AI を 2018 年に開発した。そして、「アルファ碁」に勝つことに成功している。

信雄　それは、下手に人間の棋譜を学ばないほうが強いということですね。

しのぶ　つまり、人間が指す囲碁には、悪手がたくさん含まれているということでしょうか。

雅人　その通りと思う。過去のデータに惑わされることのない純粋な AI のほうが強いということは、それを意味している。

結美子　人間の指す手がだめというのは、なにか残念ですね。ところで、この手法は、将棋やチェスなどの他のゲームにも応用できますね。

雅人　そうなんだ。実は、Google は、「アルファ碁ゼロ」の開発後に、どんなゲームに対応できる「アルファゼロ」を発表する。

第 6 章　人工知能－AI

この新バージョンは、たった 2 時間の強化学習で、「最強の将棋
AI」に勝利し、4 時間の学習で「最強のチェス AI」に勝利してみ
せたんだ。

和昌　それは、すごいですね。将棋やチェスの AI は、人間の棋
譜を学んでしまっていたのですね。ところで、アルファ碁との
対戦はどうだったのでしょうか。

雅人　6 時間の強化学習で、2016 年版の「アルファ碁」を破って
いる。

信雄　強化学習恐るべしです。ところで、「アルファゼロ」は
「アルファ碁ゼロ」と対戦しているのでしょうか。

雅人　対戦しているよ。こちらは、五分五分と言いたいところ
だが、実は、「アルファゼロ」が 6 割ほどの確率で勝利している
らしい。

和昌　面白いですね。なにが原因なのでしょうか。いろいろな
ゲームを経験したほうが強いということですかね。それでも、
なぜなのかは、人間にはわからないのですね。

雅人　それが、AI の特徴でもある。たとえば、癌 (cancer) の診断
でもそうだが、優秀な医者でも、なぜ AI が、そういう診断を下
したのか、わからないことがあるらしい。

結美子　ところで、**ディープ・ラーニング** (deep learning) という
手法が、強化学習で使われていると聞いていますが、どのよう
な手法なのでしょうか。

303

雅人 AIの診断を人間が判断できないということも、実は、ディープ・ラーニングとも関係しているんだ。

6.5. ディープ・ラーニング

雅人 ディープ・ラーニングの特徴は、**ニューラル・ネットワーク** (neural network) という、図 6-2 に模式図を示す人間の神経網に似た演算技術を利用していることだ。

和昌 人間の神経網というのは、3 次元に張り巡らされたネットワークですね。たとえば、人間が手で何かを触ると、その信号が神経網によって脳に伝わり、「熱いか冷たいか」「堅いか柔らかいか」などの情報が得られます。

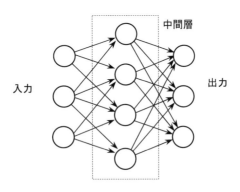

図 6-2 ニューラル・ネットワークの模式図: 人間の脳神経系の回路網を模擬した情報処理システム。入力を与えると、いろいろな因子が互いに影響を与えながら、出力が得られる。

雅人 つまり、「手で触る」行為が**入力** (input) であり、中間層と

第6章 人工知能－AI

呼ばれる神経網を伝達して、最後には「冷たい」という**出力** (output) になる。ディープ・ラーニングは、図 6-3 に示すように、この中間層を何層にも深化したものなんだ。だからディープ (deep) つまり、「深い」という単語がついている。

結美子 この図では、中間層のパラメータの個数や層の数は多くはないように見えますが、実際には、ものすごい数なのですよね。その相互作用をすべて計算するとなると、大変な計算を要するのではないでしょうか。

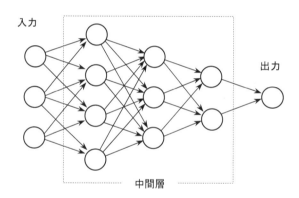

図 6-3 ディープ・ラーニング。入力にビッグデータが使われ、中間層が何層にも深化されて、出力に至る。囲碁を例にすれば、碁石の最初の置き方には 361 通りあり、つぎの指し手は 360 通りあるが、それぞれが相関しながら、勝敗が決する。このとき、中間層の計算数は天文学的な数になる。ChatGPT では 10 億を超えるパラメータからなっている。

雅人 もちろん、そうだ。人間が一生かかってもできない計算

を AI は瞬時にやってくれる。

しのぶ だから、その結論を見ても人間にはわからないということなのですね。

雅人 かつては、こんな複雑な計算はできなかったんだ。それが可能になったのは、ハードとソフト両面でのデジタル技術の進歩によるね。

和昌 しかし、それを考えると、人間の能力はすごいということですね。触覚だけではなく、知覚、聴覚も一緒に入力となり、一瞬のうちに、触ったものが何かを判断できます。

雅人 これら信号は、電気で送られるのだが、人間の体の中では一瞬にして伝わっている。信号伝達が遅いと、反応も遅れるからね。危険から身を守るときなどもそうだし、スポーツにも言えるね。

結美子 確かに、そうです。プロのボクシングの対戦や、野球のバッティングや守備も一瞬の判断ですね。

雅人 だから、人間の体内には電気抵抗ゼロの超伝導機構があるのではないかと言われたこともある。電気抵抗があれば遅れが生じるからね。

信雄 もし、そうならロマンがありますね。

306

第 6 章　人工知能－AI

しのぶ　そして、人間の伝達機構を模したのが、ディープ・ラーニングなのですね。ただし、こちらは超伝導ではなく、半導体ですが。

信雄　とは言え、機械が人間と同じニューラル・ネットワークを手に入れれば、いくらでもシステムを大きくできますし、疲れもしないから 24 時間稼働できますよね。それならば、AI の進歩によって、その能力が人間を超えるというシンギュラリティの到来も納得できるような気がします。

雅人　それが、可能かどうかはわからない。それに、どんな機械にも寿命がある。

信雄　確かに、世界で競争となっているスーパーコンピュータも、すぐに陳腐化しますね。

雅人　コンピュータは、半導体でできている。そして、コンピュータを動かすためには、電流を流す必要がある。このとき、必ず、発熱が起こる。このため、冷却しないと機械であるコンピュータは故障してしまうんだ。スーパーコンピュータのような巨大なものでは、冷却のために、大量の水を必要とする。コンピュータ本体よりも、冷却設備のほうが大きいくらいだ。ChatGPT では、原発一台分の冷却水が必要とも言われている。

和昌　それは驚きです。冷却の問題は重要ですね。

結美子　さらに、AI やスーパーコンピュータも機械ですので、きちんとメインテナンスをしていないと故障するのですね。

307

雅人 そう、そして、故障を直せるのは人間だけだ。機械は、自分で故障箇所を直せないからね。しかも、システムが旧くなると修繕よりも、新品を導入したほうが手っ取り早いということになる。金持ちは、旧い製品は捨てて、どんどん新しいデバイスを購入しているよね。

しのぶ 確かにそうですね。機械は使えば使うほど、いろいろなところにガタが来ます。その診断だけでも大変ですし、修理も大変だから、いっそのこと新品にしたほうが手っ取り早いし、安心ということはよくわかります。

雅人 一方で、人間の脳は鍛えるほど威力を発揮する。

信雄 言われてみれば、そこが機械と違う人間のすごいところですね。

雅人 さて、ニューラル・ネットワークの話に戻ろうか。たとえば、囲碁を考えてみよう。囲碁では指し手のルールは決まっている。ただし、最初の碁石の置き方は、19×19 の 361 手ある。2手目は 360 手ある。3手目は 359 手ある。これを、すべての指し手を追っていったのでは、人間には限界があるが、コンピュータである AI には可能だ。もちろん、計算回数は莫大となる。

和昌 最後まで詰めれば $361 \times 360 \times 359 \times \ldots \times 3 \times 2 \times 1 = 361!$ 通りとなりますね。！は**階乗** (factorial) の記号です。

雅人 階乗計算は、とてつもなく大きな数になることが知られていて、コンピュータにとっても苦手な計算のひとつだ。ちな

第 6 章　人工知能－AI

みに、361！= 1.437×10^{768} となる。10 の 768 乗だ。0 が 768 個並ぶ。まさに、天文学的な数字となる。

信雄　これだけの数の指し手を人間が扱うのは不可能ですね。

雅人　もちろん、実際の対戦においては意味のない棋譜もあるが、AI は、それも機械学習で学んでいく。ただし、人間が、いちいちデータを入力していたのでは、それがネックになる。ここで、重要なのが、コンピュータが自ら対戦して学習する強化学習だったね。

結美子　そして、AI は、ある局面の棋譜が入力として与えられれば、ニューラル・ネットワークによる計算を駆使して、つぎに、どこに碁石を置けばよいかを出力してくれるのですね。

雅人　そうだ。これを深層強化学習と呼ぶこともある。ディープ・ラーニングと強化学習の組み合わせだ。

信雄　それを考えれば、いくらプロとは言え、人間は AI には勝てないですね。

雅人　ただし、アルファ碁ができるのは囲碁だけで、他のゲームはできない[41]。

---

[41] このような AI を「専門的な AI」や「弱い AI」と呼んでいる。これに対し、人間と同じように、自分で問題を考え、解決できる AI を「汎用的な AI」や「強い AI」と呼んでいる。ただし、現代の技術では実現できていない。

しのぶ　アルファゼロはゲームなら何でもできますよね。

雅人　そうだが、それはあくまでもルールの決まったゲームの世界だけだ。人間は、ゲーム以外にも、日常生活を含めて、いろいろな作業をこなすことができる。さらに、AI が囲碁や将棋においてプロの棋士達に勝つことができたのは、「打つ手が決まっている」からなんだ。

信雄　確かに、これらゲームには、厳格なルールがあり、つぎの一手をどこに置くかはルールで決まっていますね。だからこそ、AI は指し手を学習することができたのではないでしょうか。

雅人　そうなんだ。指し手のルールが決まっていて、しかも例外がないということが重要だ。

しのぶ　確かに、ルール違反の指し手があったのでは、AI は混乱しますね。

雅人　単純な 3 目並べ (noughts and crosses; tic tac toe) というゲームを考えてみようか。これは、図 6-4 のような 3×3 の 9 升からなる枠に、交互に○ (nought)と× (cross) を入れていき、一列に 3 個並べた方が勝ちとなるものだ。

和昌　これは、普通に指せば、必ず引き分けになるゲームでしたね。

第6章　人工知能－AI

図 6-4　3目並べ: 上図の対戦は、いずれも× (cross) の番ですが、右図に示した対戦では、× がどこに置いても ○ (nought) の勝ちが決まっています。

雅人　そうなんだ。このゲームを9升から5×5の25升に増やすと、先手必勝となる。それ以上に升の数を増やしても先手必勝は変わらない。

信雄　この程度の簡単なゲームであれば、われわれでも解析ができます。

雅人　このようにルールが決まったゲームでは、ゲームの先読みが可能となる。複雑なチェスや囲碁であっても、つぎの一手を置く場所はルールで決まっているので、人間には無理でも、ニューラル・ネットワークを駆使することで、AI には、何万手先まで読みが可能となる。

結美子　その結果、コンピュータである AI が、人間のプロに勝つことができるのですね。

雅人　その通り、しかし、**現実の世界** (the real world) はそうではないよね。例外のオンパレードだ。平気でルールを破るひとも

多い。

しのぶ　確かに、将棋の駒の「歩」が後ろに進んだり、同じ列に「歩」を2個置いたら、その時点で負けとなりゲームは終わります。AI も自分の勝ちと判断して、それ以上の手は考えません。ところが、実社会では、そこで終わりませんね。

雅人　だから、現実社会において物事に対応するためには、柔軟性が必要となる。これは、機械には無理で、人間だけができる芸当だ。

結美子　なるほど。考えさせられます。それでは、「教師なし学習」とは、どのようなものなのでしょうか。

6.6.　教師なし学習

雅人　簡単に言えば、「教師あり学習」は、正解がわかっている問題を学ぶが、「教師なし学習」では、正解のない問題に取り組むことになる。

しのぶ　答えのない問題にどうやって取り組むのでしょうか。

雅人　実は、わたし自身が「教師なし学習」を経験したことがないので、抽象的な話になるかもしれないが、例として犬と猫の分類を考えてみようか。

和昌　分類は「教師あり学習」の得意分野ですよね。

第6章 人工知能－AI

雅人 確かにそうなんだが、犬と猫という分類を求めるのではなく、ビッグデータとして、犬や猫の画像データを AI に見せたとしよう。このとき、AI は、もしかしたら、われわれが想像のできない特徴を見つけるかもしれないんだ。

信雄 たとえば、どんなものでしょうか。

雅人 それが言えたら、わたしも AI の仲間入りだが、たとえば、犬猫の分類だけでなく、犬や猫の種類も含めてグループ化してくれる可能性もある。

しのぶ なるほど、犬猫の識別だけではなく、「これは犬のレトリーバー」とか、「これは猫のメインクイーン」とかまでわかるということですね。

雅人 そうだ。それだけでなく、純血種と雑種の違いまで見つけてくれるかもしれない。ただし、どこまで進歩するのかは人智の及ばない世界でもある。一般には、「教師なし学習」では、「**クラスタリング**」"clustering" と「**次元削減**」"dimensionality reduction" が特徴と言われている。

結美子 いまの犬や猫の種類までグルーピングできるのがクラスタリングですね。次元削減とは、どんな手法でしょうか。

雅人 世界には 196 か国がある。そして、国情を比較する指標はたくさんある。これを先進国と発展途上国に分けたいとしよう。このとき、国民一人当たりの所得に着目して、線引きをするこ

313

とはできる。しかし、これはごく一面に過ぎない。AI にゆだねれば、すべてのデータを把握したうえで、これらグルーピングを提案してくれる可能性がある。

しのぶ　196 が 2 に減るのですね。だから、次元削減と呼ばれるのですね。雰囲気はわかりますが、なにかすっきりしないですね。

雅人　それでは、これはどうだろう。ある会社がまったく新しい製品を開発したとしよう。それを市場に投入したときに売れるかどうかは不明だ。過去のデータもないから、「教師あり学習」はできない。このようなときに、威力を発揮するのが「教師なし学習」と言われている。

信雄　それですと、何が出てくるか、まったく予測がつかないのですね。

雅人　ただし、AI がはじき出した回答が正解かどうかもわからない。いずれ、いまの AI は「教師あり学習」が基本であり、深層強化学習によって鍛えることができる。「教師なし学習」は、今後の楽しみぐらいに考えておこう。人間が想像できないような成果が出てくる可能性もあるからね。

しのぶ　まさに人智の及ばない世界なのですね。

雅人　とは言え、人類がいままで築き上げてきた科学的所産は素晴らしいよね。ここ 50 年の進歩を見ただけで、われわれの生

314

活は、とても豊かになっている。そこで、質問だ。科学は万能だろうか。

6.7. 科学は万能か

和昌　宇宙のはじまりのビッグバンを提唱したり、極微の世界の謎が量子力学で解明されたり、ひとのゲノム解読が進むなど、このまま科学が進歩していけば世界のすべての現象が解明できるのではないでしょうか。

しのぶ　今回のゼミのテーマのデジタル技術の進歩もすごいですよね。AI は、その典型例ではないでしょうか。

雅人　確かに、科学の進展はすごい。かつては教室の大きさくらいあった初代電子計算機である ENIAC (Electronic Numerical Integrator and Computer) の能力をはるかに超えるスマートフォンが手のひらの上に載る時代になっている。

信雄　コンピュータの計算処理能力は、すでに人間をはるかに凌駕しています。いまは、卓上の小さな PC (personal computer) でいろいろな演算処理を瞬時に行ってくれます。

雅人　それでは、まず、**計算** (calculation) に注目してみよう。どんなに複雑な問題でも、計算によって答えが得られるのであれば、コンピュータが優れているということになる。

6.8. 3体問題

雅人　みんなは、**天気予報** (weather forecast) のことをどう思う。

和昌　そう言えば、天気予報はよくはずれますね。雨が降るからと傘を持っていったら、ずっと晴れだったということがありました。

しのぶ　1時間後の予報でもはずれることがあります。

信雄　猛暑の予測が出ていたのに、冷夏だったこともありました。

雅人　実は、これには根本的な問題が絡んでいるんだ。それは、**3体問題** (three-body problem) として知られている。

結美子　3体問題は、以前にも先生が話題に出されていましたね。思い出しました。

雅人　それでは、あらためて、その復習をしてみよう。われわれが住む**地球** (earth) は、**太陽系** (solar system) の一惑星であり、**太陽** (sun) のまわりを約365日かけて**公転** (revolution) しているね。

和昌　はい、地球の**軌道** (orbit) は、**ニュートンの運動方程式** (equation of motion) によって計算することができます。1年生の力学で習いました。

第 6 章　人工知能 — AI

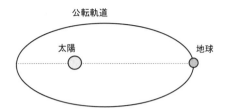

図 6-5　2 体問題：太陽のまわりを地球が公転する軌道は、ニュートンの運動方程式によって厳密に計算することができます。

雅人　これを **2 体問題** (two body problem) と呼んでいる。ところで、地球のまわりを月 (moon) が公転しているね。海の満ち引きは月の引力によって生じる。とすれば月の影響を無視できない。しかし、月の影響まで加味すると、地球の公転軌道の厳密計算は不可能となる。

信雄　その計算は力学では習いませんでした。

雅人　実は、どんなに高性能のコンピュータを用いても計算できないことが知られている。これが 3 体問題だ。

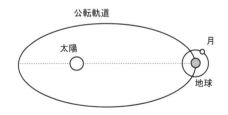

図 6-6　3 体問題：月は地球のまわりを回っている。この影響を採り入れ、太陽と地球と月の 3 体となると、公転軌道は計算不能となる。

結美子 2体問題が解けるのならば、その応用で3体問題も解けるように思いますが、違うのでしょうか。

雅人 それが無理なんだ。太陽と地球の2体だけならば位置決めができる。ここで、月が入ってきたとしよう。すると、月の影響で地球の軌道を修正しなければならない。この結果、地球の軌道が変わるので、太陽との相対位置に影響が出る。すると、その位置の変化は月（実際には地球にもですが）に影響を与える。よって、月の軌道も変わり、先ほど計算した地球の軌道も変化する。地球の軌道が変化すれば、太陽の位置も修正しなければならない。このループは永遠と続き収束することがない。これが3体問題だ。

しのぶ 物体の数がたった3体に増えただけで計算不能となることは俄かには信じられませんが、これが現実なのですね。

6.9. 多体問題

雅人 ところで、われわれが住んでいる世界にある物体は、3体どころではないよね。

信雄 はい。物質たった1モル (mol) には**アボガドロ数** (Avogadro's number)、すなわち 6×10^{23} 個の粒子が含まれています。

雅人 これだけの数の相互作用を計算することなど不可能です。これを**多体問題** (many body problem) と呼んでいる。そして、多体問題に機械であるコンピュータがまともに取り組むことは不可

第 6 章 人工知能－AI

能なんだ。

結美子 3 体以上の計算が無理だとすれば、我々の周りには、計算できない問題が山積していることになります。

雅人 みんなは、水は 0℃ 以下では氷となり、室温では水、そして 100℃ 以上では水蒸気となることは知っているね。

しのぶ 多くの物質は、低温では**固体** (solid)、高温では**気体** (vapor)、そして、中間温度では**液体** (liquid) となることが知られています。この現象を**相変態** (phase transformation) と呼んでいますね。

和昌 あらゆる物質が相変態します。たとえば、鉄は室温では固体ですが、1536℃ で溶けて液体となり、2863℃ で蒸発し気体となります。

雅人 実は、この相変態が大きな謎なんだ。量子力学をもとに、コンピュータなどを駆使して、いくら水の分子構造を調べても相変態を説明することはできない。

信雄 確かに、相変態は 1 個の分子では生じませんね。多数の分子が集まって、初めて生じる現象です。

雅人 それでは、いったい何個の分子が集合すれば、相変態が起こるだろうか。これも謎なんだ。もちろん、**統計力学** (statistical mechanics) という学問をもとに、それを解明しようと

319

いう努力は続けられているが、人類が、いまだに解けない問題だ。

結美子　これも、多体問題のひとつなのですね。

雅人　まさに、その通り。コンピュータが天気を計算で予測できないのは、**気象 (weather conditions)** が莫大な数からなる多体問題だからなんだ。

和昌　大気は空気や水や二酸化炭素などの数知れない分子からできています。その運動を正確に計算するなど、もともとできない芸当なのですね。

雅人　そこで、過去のデータをかき集め経験則に基づいて、なんとか天気を予報している。

しのぶ　そう言えば、「夕焼けは晴れ、朝焼けは雨の予兆」「大雪の年は豊作」など、昔のひとも経験則をもとに天気を予報していました。

結美子　最近は、天気予報にも AI が利用されていると聞きます。過去の膨大なデータ、つまり、ビッグデータを解析して、気象の予測をしているようですね。

信雄　ただし、発表する機関によって予測が異なるのも事実です。これは使うソフトや入力データが異なるためでしょうか。

第 6 章　人工知能－AI

雅人　入力するデータによって出力が異なるのは当然だね。しかも、予測をするプログラムが会社によって違っているんだ。

和昌　最近、台風の進路予想がありました。ある気象予報士が、半分笑いながら、AI がこんな予想をしていますと見せたのは、日本列島に近づきながら、その直前でUターンするという風変わりなものでした。こんな進路はありえませんと笑っていたのですが、驚くことに、実際に台風はUターンしたのです。

雅人　このように、コンピュータは計算で多体問題を解くことはできないが、AI は、ビッグデータからパターン認識することはできるよね。初期の癌の診断などには最適と言われている。

しのぶ　確かに、AI はすべてのビッグデータを読み込んで、その中からパターン認識できるのですから、人間は敵いませんよね。

6.10.　人間の柔軟性

結美子　ところで、よく考えれば、世の中で起きている事象はすべて多体問題ですよね。それならば、厳密解はありません。ほぼすべてが計算不能です。とすると、人間は無力なのでしょうか。

雅人　いや、そこで、あきらめないことが人間の素晴らしさなんだ。そして、人間には、機械にはない柔軟性と大胆さがある。

和昌 確かに、機械は融通がきかないですよね。人間なら、103円の値段のものだったら、100円にまけるという発想がありますが、機械はあくまでも103円で対応します。

雅人 面白い発想だが、その通りなんだ。2体から3体へ、そして多体問題へという単純な拡張がだめならば、人間は別の方法を考える。

しのぶ たとえば、どんな発想でしょうか。

雅人 1モル (mol) の物質のなかに含まれる粒子の数はアボガドロ数 (Avogadro's number) の6×10^{23}個という莫大な数だ。だから、まともに粒子間の相互作用を考えること自体が無理だよね。

和昌 世界一速いスーパーコンピュータはどうでしょう。

結美子 でも相互作用の数は、階乗ですよね。つまり、$6 \times 10^{23}!$ となります。361 でも、計算不能なレベルでしたから、これは、スーパーコンピュータでも無理なのではないでしょうか。

雅人 可能かもしれないが、何年もかかるだろうね。そこで、その中の、たった2個だけに注目するという方法もある。

信雄 これならば、2体問題となりますので、計算は可能ですね。そのとき、残りはどうするのでしょうか。

雅人 残り $6 \times 10^{23} - 2$ 個の粒子の影響は、まとめてバックグラン

第 6 章　人工知能－AI

ドとして処理してしまうんだ。とても大胆な仮定だが、これで
も結構、それなりの解が得られる。

しのぶ　そう言えば、コンピュータに苦手なものに「1÷0」とい
う計算がありますね。この計算は無限大となりますが、コンピ
ュータではエラーと出てしまいます。

雅人　そうなんだ。計算プログラムの中に、この無限大が紛れ
込む（つまり 0 で割ってしまう）と、一巻の終わりだ。大学時代
に、長時間をかけて作ったプログラムを、計算機センターで走
らせたらエラーが出て困惑したことがあった。

和昌　機械は融通がきかないので、「1÷0」には対応できないの
ですね。

雅人　ところが、人間は、エラーが出たからと終わりにはせず、
なぜだろう、なにかがおかしいぞと考え、そこから思いもよら
ぬブレイクスルーを生みだすこともある。ノーベル賞を受賞さ
れた**朝永振一郎**先生の**繰り込み理論** (renormalization) がまさにそ
れだ。

信雄　人間は、マイナスをプラスに変える力を持っているので
すね。確かに機械であるコンピュータには、そんなことはでき
ないですね。

323

6.11. 自然観察

結美子 それでも、世の中すべての現象は多体問題であり、それを計算で解析するのは不可能であることには変わりませんよね。

雅人 確かにそうだが、人類は、多体問題に対処するための強力な科学的武器を持っている。そのひとつが、**自然観察** (nature observation) だ。

信雄 なるほど、ひとは、自然界で起きている様々な現象を観察することで多くのことを学んできましたね。これなら、厳密計算ができなくとも、いろいろなことに対処できます。

しのぶ まさに、農業や林業などがそうでしょうか。稲作もそうですね。最初は野に自生する稲を食料としていたものが、その生育の様子を観察することで、次第に、稲の栽培を始めたと聞きます。杉の植林もそうですし、漁業における養殖もそうです。

雅人 壮大な話としては、天体観測がある。**コペルニクス** (Nicolaus Copernicus) は天体の動きを観察することで**天道説** (the geocentric theory) が間違いであり、**地動説** (the heliocentric theory) が正しいことを発見する。

結美子 ケプラーも天体の動きを観察することで、惑星の運動に関するケプラーの三法則を発見したのでしたね。あれだけ、

第 6 章　人工知能－AI

たくさんの星のある宇宙を観測して、規則性を発見するのはすごいことだと思いました。

ケプラーの法則

1. 惑星の軌道は楕円で、焦点のひとつに太陽が位置している
2. 惑星と太陽を結ぶ動径は等時間に等面積を描く
3. 惑星の太陽からの平均距離の 3 乗と公転周期の 2 乗の比は一定である

和昌　そして、それが**万有引力の法則** (the law of universal gravitation) の発見へとつながったのでしたね[42]。

雅人　このように、人類は、観察を通して、多くの科学的な知見を蓄積してきた。そして、この蓄積こそが人類の財産なんだ。

6.12.　実験

しのぶ　自然観察も重要ですが、人類は**実験** (experiment) を行うことができます。たとえば、計算による解析が不可能と紹介した相変態 (phase transformation) ですが、実験によって、水 (H_2O) が 0℃ 以下では氷 (ice) となり、100℃ 以上では水蒸気 (vapor) という気体となることを確かめることができます。

雅人　まさに、その通りだ。そして、再現性を確かめることに

---

[42] 村上雅人著『なるほど力学』（海鳴社）に詳しい説明があるので参照されたい。

よって、それが普遍的な事実であることがわかる。

和昌　他の物質についても、実際に実験することで、すべての物質には相変態があり、低温では固体 (solid)、高温では気体 (gas)、そして中間温度では液体 (liquid) となるという普遍的な科学知識を得ることができたのですね。

雅人　このように、理論的な解明が困難な多体問題であっても、人類は実験によって科学的なアプローチができる。そして、きちんと管理された実験のもとで得られる知見は、あくまでも科学的事実であり、人類共通の知識所産として蓄積できるんだ。

信雄　さらに、実験ならば、条件さえわかっていれば、他のひとによって検証できますね。

和昌　人類は、わからないことがあっても、実験によって科学的事実を実証することができますね。

雅人　そして、人類の長い歴史の中で、多くの科学的遺産を築いてきた。その上にたって、われわれは科学を発展させてきたんだ。

しのぶ　なるほど、人間には「観察」とともに「実験」という強力な科学的な武器があるのですね。そして、実験を駆使することで計算不能な多体問題にも対処できます。

結美子　観察も実験も AI 等の機械にはできませんね。

第 6 章　人工知能－AI

雅人　もちろん、実験には純粋な好奇心だけではなく、金儲けの要素もある。その代表例が**錬金術** (alchemy) だ。

信雄　鉄や銅を金に変えることができれば、大儲けができますからね。

雅人　そうなんだ。このため、実に多くの科学者が錬金術にはまったんだ。残念ながら、卑金属から金をつくることはできなかったが、この人類の挑戦の結果、多くの化学的知識が得られたのも事実だ。

しのぶ　人間の欲も、悪いことだけではないのですね。

6. 13.　AI を使いこなす

雅人　実は、すでに、いろいろな分野で AI の応用が進んでいる。多くの IT 企業が AI のソフトを無料で提供しており、一般人でも使うことが容易になっている。ChatGPT がよい例だね。

しのぶ　そうなんですか。AI そのものの開発も重要ですが、その機能に触れる経験は、とても重要ですよね。

結美子　確かに、使ってみて、その便利な機能がわかれば、ひとは興味を持ち、さらに、その先に進んでみようという気になります。

雅人　たとえば、AI 機能を搭載した**スマートスピーカー** (smart

speaker) が普及しているよね。その面白さに魅せられて、AI に関心を持つひとも増えているんだ。

6. 13. 1.　チャットボット

雅人　さて、ここで芝浦工大が行った AI の応用例を紹介してみよう。AI を使いこなすコツは、何に応用するか明確化することだ。

しのぶ　いったい何に利用したのですか。

雅人　毎年、4 月になると、大学には多くの新入生が入学してくる。彼らは、履修登録、図書館利用、大学のシステムの使用方法、課外活動への参加など大学の制度になれるまでが大変だ。

和昌　確かに、そうですね。だから、4 月は学生課の窓口は大混雑します。

信雄　1 日あたり 800 名を超す学生が並ぶと聞きました。僕も、あの長い列を見てあきらめたことがあります。

雅人　一方で、学生からの質問の内容は 90% 近くが共通している。それならば、この窓口業務を AI で対応できないかと考えたんだ。そして開発したのが、芝浦工大 (SIT) のチャットボットである SIT bot だ。

結美子　チャットボットですか。ロボットが相手をしてくれるのですね。

第 6 章　人工知能－AI

雅人　ただし、スマートスピーカーのように音声対応ではなく、SNS を利用した質問と回答だ。

しのぶ　学生は、LINE に質問したい内容を書き込むのでしたね。

雅人　そうだ。そして、開発には、Google が提供する Dialogflow (TM)[43]という AI を活用した。いまなら生成 AI を使うのだろうが、2018 年のことだからね。

信雄　実は、僕も、この開発に参加していました。

雅人　そうだったのか。それは、ご苦労さんだった。

信雄　いや、とても楽しかったですよ。僕らが SIT bot の手直しをしていくと、AI の回答の精度が高まっていくので、とても面白かったです。

結美子　AI が、どんどん賢くなっていくのね。そして、信雄君たちが、AI の「教師あり学習」の教師役だったのですね。

雅人　開発を始めたのは 2018 年の 12 月だったが、翌年の 4 月には堂々のデビューを飾り、一日 800 件を超える質問に対応してくれている。2 ヶ月で 10000 件を越えたとも聞いた。

---

[43] 2016 年より Google が無料で提供しているチャットボット作成用の AI 開発ソフトである。

和昌　下級生が言っていましたが、とても評判が良いそうです。なにより、窓口に並ばなくてもよいのがいいですね。

雅人　毎年、同じ質問を何度も受ける職員にとっても、まさに「働き方改革」になったようだね。

しのぶ　わたしも開発に参加したかったです。大学の AI の講義は、よくわかりませんでした。実際に使ってみるというのは、よい経験ですね。

雅人　残念ながら、大学の AI に関する講義を含めて、なにかの学習を始めるときには、専門用語の並んだ基礎理論から入る。しかし、それでは意味不明の講義が延々と続き学生の興味も続かない。それよりも、まず、AI を手軽に使ってみる。これが大事だ。

結美子　それこそが、アクティブ・ラーニングですね。

信雄　僕も、SIT bot の経験を通して、AI の利便性がよくわかりました。そして、もっと AI を勉強したいと思うようになりました。

6. 13. 2.　研究分野への応用
雅人　実は、いまでは、面白い AI の応用事例がたくさん出てきている。実は、Google だけでなく IBM Watson や Microsoft Azure なども、無料の AI 開発ソフトを提供している。

第 6 章　人工知能－AI

和昌　確かに無料ならば、気軽に使えます。

雅人　これに目をつけたのが、若手の理系研究者たちだ[44]。彼らが、研究に AI を活用しだしたんだ。これは、AI の進展にとって、とても重要なステップとなると思うよ。

信雄　しかも、無料なので高価な装置は必要ないので、取組みしやすいですね。

雅人　情報関係の学会だけでなく、応用物理学会や物理学会、金属学会などでも AI を使った面白い内容の発表が増えているんだ。

しのぶ　確かに、学術研究への AI の応用を考えれば、その可能性は無限ですね。

雅人　たとえば、新機能を有する材料の開発を考えてみよう。材料開発には、まず元素の種類の組合せを考えなければならない。元素の数は100以上あるが、手に入りやすいという前提で50程度としよう。これら元素から 3 個を選んで化合物をつくるとすると、元素の組み合わせの数はどれくらいかな。

結美子　その数は $_{50}C_3$ となります。C は combination です。つまり、$50 \times 49 \times 48 / 3 \times 2 \times 1 = 19600$ です。

―――――――――――――――――――

[44] もちろん、若手だけでなく、新規技術に興味のあるベテランの研究者たちも AI を応用した研究開発に参入しています。

331

信雄　これは、元素の組合せの数ですよね。実際には化合物では組成（元素の割合）も変化するので、まさに、新材料候補の数は無尽蔵です。

雅人　しかし、AIを使えば、候補を探してくれるんだ。

和昌　それでも、AIを利用するためには、大量のデータが必要ではなかったでしょうか。

雅人　いまでは学会や研究機関などのデータベースが整備されていて、しかも、誰もが無料で使えるようになっているんだ。さらに、これらビッグデータを機械学習させたLLMも提供されるようになっている。

信雄　それは、とても便利ですね。

雅人　もちろん、AIが正しいとは限らない。しかし、人海戦術で進めるよりは、はるかに確率は高いんだ。実際に、AIを利用して新しい材料も生まれつつある。

しのぶ　なるほど、AIであれば過去のデータもすべて読み込んだうえで、候補を挙げてくれるのですね。

雅人　ただし、ここで重要なのは、材料合成するのは、あくまでも人間ということだ。AIが材料をつくってくれるわけではない。

第 6 章　人工知能－AI

和昌　そこが肝心なところですね。

雅人　AI 脅威論があるが、このような状況を見れば、AI のすぐれた能力は、われわれの可能性を高めてくれる存在であることがわかる。

結美子　SF では、AI とロボットが一体となって人類を滅ぼすという物語もありますが、それはありえないということですね。

信雄　なぜなら、先生が指摘されていたように、機械は機械を修理できないし、機械部品は必ず劣化するからです。そして、それを修繕できるのは、われわれ人間だけです。

6.14.　AI の失敗

雅人　繰り返しになるが、人間には、**柔軟性** (flexibility) と**創造性** (creativity) がある。一方、機械であるコンピュータや AI には、これらの能力は備わっていないんだ。

和昌　莫大なデータを記憶し、ある規則に沿って処理する能力は AI のほうが優れていますね。知識の蓄積と、その検索などはコンピュータが得意な分野ですね。

雅人　ただし、問題がある。データに間違いがあっても機械は気がつかないということだ。だれかが、悪意をもって誤ったデータを忍び込ませたら、機械は、まともに反応してしまう。

結美子　機械には融通性がないですからね。このデータはだれかが冗談半分に紛れ込ませたものでも気づかないのですね。

雅人　実は、2016 年 3 月 23 日に、マイクロソフトが世に送り出した AI 搭載のチャットボット (chatbot) の Tay がある。いかに、AI がすぐれているかを世に問う存在だったんだ。

しのぶ　そのチャットボットの話は、いまは聞かないですね。Siri なら知っていますが。

雅人　Tay は、差別用語を連発し、ナチス (Nazis) を崇拝する言動を始めたので、2 日後の 3 月 25 日に撤退する[45]。その後、プログラムを修正して、30 日に再度ネットに登場するが、このチャットボットも 1 日で撤退してしまった。

和昌　なるほど、コンピュータに入力したデータは消せません。どんなにひどい内容であっても、善悪を判断できないコンピュータは、それに反応してしまうのですね。

雅人　一方、われわれ人間には「忘れる力」 "the ability to forget" がある。受験勉強などでは、自分の記憶力が優れていたら、どんなによかっただろうと思ったひともいるだろうが、過去のことを全部覚えていたら人間は生きていけないと言われている。

---

[45] チャットボットの Tay が発信した言葉も残されているが、内容がひどすぎるので、ここでは紹介を控える。

334

第 6 章　人工知能－AI

信雄　恥ずかしいことや、嫌なことを忘れることができることも人間の特徴のひとつなのですね。

雅人　最近では、人事採用に AI を使おうという企業が増えている。日本では、かつては大学の指定校制度や、推薦制で採用というのが当たり前だったから、採用候補者の数も限定されていた。

しのぶ　そうだったのですか。いまでは自由応募が当たり前となっていますね。これなら、大学による学歴フィルターがなく、平等だと言うひともいます。

雅人　しかし、自由応募となると、人気のある大企業では 3 万人を超える応募がある。

和昌　そんな数の応募があるのですか。その仕分けをひとがこなすのは大変ですね。

雅人　そこで、登場するのが AI なんだ。人間ではなく AI を使えば、感情に左右されずに、公正で信頼性の高い採用候補の選別が可能となる。

結美子　確かに AI に任せれば、不正もないし、コネも利きませんね。ひとでは、30000 人の書類に目を通すことはできませんが、AI なら可能ですね。

雅人　ところが、問題が起きたんだ。2018 年、Amazon が、有為

335

な人材を採用するために AI を利用したところ、女性が差別されるという現象が起きた。

しのぶ　誰かが、間違ってプログラムで男性限定にしてしまったのでしょうか。

雅人　いや、そうではないんだ。これは、過去のデータによれば、幹部社員のほとんどが男性だったことが原因だった。AI は、そのデータに基づいて女性社員をはじいてしまったんだ[46]。

結美子　なるほど、そういうことですか。機械の AI は、データに忠実ですからね。

雅人　しかし、そもそも、過去の女性採用数が少なかったため、幹部の女性数が少なかっただけなんだ。いずれ、正しいデータであっても、融通のきかない AI はグルーピングで女性をはじいてしまった。

和昌　世の中では AI による分析が大流行ですよね。信頼性があるということを喧伝するために AI を枕言葉に使うことも多いです。しかし、入力するデータによって AI の回答は変わります。

信雄　つまり、誰か悪意のあるひとが居れば、たとえば、本来のデータを間引くことで、自分たちの都合のよいように AI の出

---

[46] AI が既存のデータをもとに機械学習する場合の欠陥を露呈した例である。

第 6 章　人工知能－AI

力をコントロールできるということですね。

雅人　そうなんだ。機械はインプットされた情報しか認識できない。ただし、AI を正しく使えば、人間にとって、とても頼もしい助手役となってくれるのも確かだ。このため、英語を assistant intelligence とすべきという意見もある。まさにのび太とドラえもんのような関係と思うよ。

おわりに

デジタル機器はとても便利ですが、ほとんどがブラックボックス化しています。もちろん、それで多くのひとは構わないでしょう。便利な機能を便利に使う。それで、日常生活は問題ないからです。

一方で、デジタルをこれから学ぼうとしている高校生や大学生は、その基礎や原理を理解しておくことも重要です。特に、2進法に基づくデジタル計算や、論理回路の原理は、すべての基本です。

さらに、現在、データサイエンスやデジタル技術を活用しているひとたちも、ブラックボックス化した機器を利用するだけでなく、その動作原理を理解することは、とても重要です。それが、豊かなデジタル社会を実現する源泉となるからです。ブラックボックスからは、何も新しいことは生まれません。

ChatGPT を代表とする生成 AI の登場は、世界に衝撃を与えました。どんな質問にも適切に答え、しかも答えのない問いに対しても、サジェスチョンを与えてくれるからです。このため、AI に脅威を抱くひとも多く、その利用を制限しようという動きもあります

しかし、本書を読めば、AI が脅威ではなく、われわれの生活を豊かにする存在ということ、また、人間が有する無限の能力についてもわかったはずです。AI を恐れずに賢く使う。それが、これからのデジタル社会では重要ではないでしょうか。

著者紹介

村上　雅人
理工数学研究所 所長 工学博士
情報・システム研究機構 監事
2012 年より 2021 年まで芝浦工業大学学長
2021 年より岩手県 DX アドバイザー
現在、日本数学検定協会評議員、日本工学アカデミー理事
技術同友会会員、日本技術者連盟会長
著書「大学をいかに経営するか」（飛翔舎）
「なるほど生成消滅演算子」（海鳴社）
など多数

小林　信雄
理工数学研究所　主任研究員
1997 年　芝浦工業大学大学院　金属工学専攻卒業
1997-2019 年　半導体製造装置メーカ勤務
編集「低炭素社会を問う」「エネルギー問題を斬る」（飛翔舎）など

―村上ゼミシリーズⅣ―

デジタルに親しむ

2024 年 8 月 31 日　第 1 刷　発行

発行所：合同会社飛翔舎 https://www.hishosha.com
　　　　住所：東京都杉並区荻窪三丁目 16 番 16 号
　　　　電話：03-5930-7211　　FAX：03-6240-1457
　　　　E-mail: info@hishosha.com

編集協力：小林信雄、吉本由紀子

組版：小林信雄、小林忍

印刷製本：株式会社シナノパブリッシングプレス

©2024 printed in Japan
ISBN:978-4-910879-15-4 C1040
落丁・乱丁本はお買い上げの書店でお取替えください。

飛翔舎の本

高校の探究学習に適した本 ―村上ゼミシリーズ―

「低炭素社会を問う」 　　　　村上雅人・小林忍　　四六判 320 頁 1800円
二酸化炭素は人類の敵なのだろうか。CO_2 が赤外線を吸収し温暖化が進むという誤解を、物理の知識をもとに正しく解説する。

「エネルギー問題を斬る」 　　　　村上雅人・小林忍　　四六判 330 頁 1800円
再生可能エネルギーの原理と現状を詳しく解説。国家戦略ともなるエネルギー問題の本質を考え、地球が持続発展するための解決策を提言する。

「SDGs を吟味する」 　　　　村上雅人・小林忍　　四六判 378 頁 1800円
世界中が注目しているSDGs の背景にはESG 投資がある。人口爆発や宗教問題がなぜSDGs に含まれないのか。国際社会はまさにかけひきの世界であることを示唆する。

「デジタルに親しむ」 　　　　村上雅人・小林信雄　　四六判 342 頁 2600円
2進法をもとに、コンピュータが、どのように四則演算を行うのかを学び直せる。ブラックボックス化していたデジタル機器の動作原理を本書が解きほぐしてくれる。

大学を支える教職員にエールを送る ―ウニベルシタス研究所叢書―

「大学をいかに経営するか」 　　　　村上雅人　四六判 214 頁 1500円
「プロフェッショナル職員への道しるべ」 　大工原孝　四六判 172 頁 1500円
「粗にして野だが」 　　　　山村昌次　四六判 182 頁 1500円
「教職協働はなぜ必要か」 　　　　吉川倫子　四六判 170 頁 1500円

「ナレッジワーカーの知識交換ネットワーク」 　村上由紀子　A5 判 220 頁 3000円
高度な専門知識をもつ研究者と医師の知識交換ネットワークに関する日本発の精緻な実証分析を収録

高校数学から優しく橋渡しする ―理工数学シリーズ―

「統計力学 基礎編」 　　　　村上雅人・飯田和昌・小林忍　　A5 判 220 頁 2000 円
　ミクロカノニカル、カノニカル、グランドカノニカル集団の違いを詳しく解説。
ミクロとマクロの融合がなされた熱力学の本質を明らかにしていく。

「統計力学 応用編」 　　　　村上雅人・飯田和昌・小林忍　　A5判 210 頁 2000 円
　ボルツマン因子や分配関数を基本に統計力学がどのように応用されるかを解説。
2 原子分子、固体の比熱、イジング模型と相転移への応用にも挑戦する。

「回帰分析」 　　　　　　　村上雅人・井上和朗・小林忍　　A5 判 288 頁 2000 円
　既存のデータをもとに目的の数値を予測する手法を解説。データサイエンスの基
礎となる統計検定と AI の基礎である回帰分析が学べる。

「量子力学 I 行列力学入門」 村上雅人・飯田和昌・小林忍　A5 判 188 頁 2000 円
　未踏の分野に果敢に挑戦したハイゼンベルクら研究者の物語。量子力学がどのよ
うにして建設されたのかがわかる。量子力学 3 部作の第 1 弾。

「線形代数」 　　　　　　　村上雅人・鈴木絢子・小林忍　　A5 判 236 頁 2000 円
　量子力学の礎「固有値」「固有ベクトル」そして「行列の対角化」の導出方法を
解説。線形代数の汎用性がわかる。

「解析力学」 　　　　　　　村上雅人・鈴木正人・小林忍　　A5 判 290 頁 2500 円
　ラグランジアン L やハミルトニアン H の応用例を示し、解析力学が立脚する変分
法を、わかりやすく解説。

「量子力学 II 波動力学入門」 村上雅人・飯田和昌・小林忍　A5 判 308 頁 2600 円
　ラゲールの陪微分方程式やルジャンドルの陪微分方程式などの性質を詳しく解説
し、水素原子の電子軌道の構造が明らかになっていく過程を学べる。

価格は、本体価格